五年制高职专用教材

智能制造装备技术专业新形态教材

模具制造技术

主　编　韩玉娟

副主编　王光勇　赵琴华

参　编　王尊礼　王　睿　李其龙　何　峰

主　审　朱仁盛

机 械 工 业 出 版 社

本书根据教育部办公厅印发的《"十四五"职业教育规划教材建设实施方案》，参考国家人力资源和社会保障部"模具设计师"与"模具制造工"国家职业资格证书标准，结合学生的认知特点和成长规律编写而成。

本书共 6 个单元，内容包括：模具制造技术简介、常用模具材料的选用与热处理、模具成形零件制造技术、模具导向零件制造技术、模具板类零件制造技术和模具装配技术。

本书可作为高职院校、技师学院和各类培训学校的材料成型及控制技术、模具设计与制造、机械制造及自动化等专业的教学用书，也可供从事模具设计与制造的专业人员和工程技术人员参考。

为方便教学，本书配套有教学课件等资源，凡选用本书作为教材的教师，可登录机械工业出版社教育服务网（www.cmpedu.com），注册后免费下载。咨询电话：010-88379375。

图书在版编目（CIP）数据

模具制造技术/韩玉娟主编. —北京：机械工业出版社，2023.12
五年制高职专用教材　智能制造装备技术专业新形态教材
ISBN 978-7-111-74468-9

Ⅰ.①模…　Ⅱ.①韩…　Ⅲ.①模具-制造-高等职业教育-教材　Ⅳ.①TG76

中国国家版本馆 CIP 数据核字（2023）第 246171 号

机械工业出版社（北京市百万庄大街 22 号　邮政编码 100037）
策划编辑：王莉娜　　　　　责任编辑：王莉娜　杜丽君
责任校对：郑　婕　张　薇　　封面设计：王　旭
责任印制：邸　敏
中煤（北京）印务有限公司印刷
2024 年 1 月第 1 版第 1 次印刷
210mm×285mm・9.5 印张・278 千字
标准书号：ISBN 978-7-111-74468-9
定价：38.00 元

电话服务　　　　　　　　　网络服务
客服电话：010-88361066　　机　工　官　网：www.cmpbook.com
　　　　　010-88379833　　机　工　官　博：weibo.com/cmp1952
　　　　　010-68326294　　金　书　网：www.golden-book.com
封底无防伪标均为盗版　机工教育服务网：www.cmpedu.com

前　言

本书贯彻落实党的二十大报告和《国家职业教育改革实施方案》精神，是职业院校"三教改革"中的教材改革成果，由来自职业院校教学工作一线的骨干教师和学科带头人，通过社会调研，对劳动力市场人才需求进行分析，在企业有关人员的积极参与下，参照相关国家职业标准及有关行业标准，结合学生的认知特点和成长规律编写而成。

模具制造技术是职业院校模具设计与制造专业的核心课程之一，本课程与该专业的其他课程有着紧密的联系，是一门综合性较强的专业技术基础课程。

本书打破了原学科体系的框架，将各学科的内容按"综合化""融合发展"要求进行整合，并将理论与实践一体化的教学内容有机结合。本书体现了职业教育新时代高质量发展的发展理念，注重学生的素质培养，即不仅强调职业岗位的知识与能力要求，还强调培养学生的专业情怀，以及团结协作、乐于奉献的职业道德。

本书特色如下：

1）内容紧紧围绕最新的课程标准要求，依据人才培养方案，结合"够用、适用、兼顾学生的可持续发展"的原则，选择相关基础知识为内容，以满足本专业课程应达到的具体要求。

2）科学、合理地协调基本理论知识与基本技能的关系，贯彻课程建设综合化思想，将模具材料及热处理知识纳入本书，实现了多学科的整合，在减少了教材数量的同时，减轻了学生的负担。

3）全方位介绍了目前模具制造行业的整体状况、发展水平及其发展趋势等，使学生对整个模具工业、模具制造技术及模具产品的生产有全面的、系统的了解，以便更好地学习后续的专业课程。

4）注重教学效果和学习效果的及时反馈。书中设置了"练一练""做一做"环节；在每个课题后设置了"学习评价"，根据课题教学内容设置"观察点"，根据"观察点"列举的内容进行学生自评、学生互评和教师评价；利用"反思与探究"，从学习过程和评价结果两方面进行反思，分析存在的问题，寻求解决的办法；在每个单元后设置了"单元检测"，全面检测学生对整个单元的学习情况。

5）注重"通用教学内容"与"特殊教学内容"的协调配置，书中的拓展知识及阅读知识以二维码的形式呈现，主要目的是帮助学生加深对知识的理解。

6）注重知识和技术的先进性和实用性，将企业中当前的新知识、新技术、新工艺和新方法融入教学内容，并把实际生产规范、制度及企业的经济化管理内容融入其中，让学生了解现代企业生产管理方式和发展方向，为今后顺利踏上工作岗位做好准备。

本书的学时分配建议如下：

序号	单 元	学时	序号	单 元	学时
1	单元一 模具制造技术简介	10	5	单元五 模具板类零件制造技术	20
2	单元二 常用模具材料的选用与热处理	12	6	单元六 模具装配技术	12
3	单元三 模具成形零件制造技术	30		合 计	104
4	单元四 模具导向零件制造技术	20			

本书由江苏联合职业技术学院淮安分院韩玉娟任主编，江苏联合职业技术学院江宁分院王光勇、江苏省江阴中等专业学校赵琴华任副主编，江苏力博士机械股份有限公司王尊礼、江苏联合职业技术学院淮安分院李其龙、何峰，江苏联合职业技术学院常熟分院王睿参加了编写。本书由江苏联合职业技术学院泰州机电分院朱仁盛教授主审。本书在编写时参阅了一些同类教材、资料和文献，编写过程中江苏联合职业技术学院盐城机电分院张国军教授给出了很多宝贵的意见和建议，并得到江苏力博士机械股份有限公司的大力支持，在此一并表示衷心的感谢！

由于编者水平有限，书中疏漏之处在所难免，敬请读者批评指正。

编 者

二维码索引

（续）

目 录

单元一

模具制造技术简介

单元说明

通过本单元的学习，对模具的基本概念、常用模具的基本结构、模具制造技术的现状及其发展趋势形成初步的认知。

本课程教学之前，教师可以结合教学需要安排学生观看与模具制造相关的教学视频，初步了解模具在日常生活中的重要性，激发学生的学习热情；组织学生参观学校的模具实训车间，有条件的学校可以组织学生参观模具制造企业，让学生了解模具的生产制造过程，熟悉模具企业的安全生产和节能环保现状。

单元目标

素养目标

1. 培养学生的职业素养，树立质量意识、环保意识、安全意识和技能强国意识。
2. 培养学生严谨、细心的工作态度。
3. 培养学生的自主学习能力及语言表达能力。

知识目标

1. 熟悉模具的概念及其分类。
2. 了解典型冲模和塑料模的基本结构及其工作过程。
3. 了解模具制造技术的现状及其发展趋势。

能力目标

1. 能理解模具的基本概念，认识各种不同模具。
2. 能认识典型冲模和塑料模的基本结构，理解其基本工作过程。
3. 能结合学习内容简述国内外模具制造技术的现状及发展趋势。

课题一 熟悉模具的概念、特点及分类

 课题说明

通过本课题的学习，了解模具技术在古代和现代日常生活中的应用，熟悉模具的概念、特点及分类，逐渐形成独立思考、自主学习、不断探索的习惯。

 相关知识

一、模具的应用及概念

1. 模具在古代的应用

在古代，模具被称为"范"。它的具体的应用有：石范制造（图1-1）、泥范制造（又称陶范制造，见图1-2）、铜范制造（图1-3）、铁范制造（图1-4）和失蜡铸造（图1-5）。

a) 秦半两石范

b) 铜斧石范

图 1-1 石范制造

a) 四羊方尊

b) 后母戊鼎

图 1-2 泥范制造

a) 刀币铜范

b) 大泉五十铜范

图 1-3 铜范制造

a) 铸造的银币　　　　　　　　　　　　　　b) 银币铁范

图 1-4　铁范制造

a) 曾侯乙尊盘　　　　　　　　　　　　　　b) 云纹铜禁

图 1-5　失蜡铸造

我国四川广汉三星堆发掘出的商代祭祀坑出土了大量精美绝伦的青铜器珍贵文物，如图 1-6 所示。事实表明，早在几千年前，人类就开始使用模具了。

a) 青铜立人　　　　　　　　b) 青铜神树　　　　　　　c) 青铜纵目面具

图 1-6　三星堆出土的青铜器

【拓展知识】

鼎的象征
和寓意

鼎的象征和寓意（请扫描二维码）。

2. 模具的概念

使用模具生产的产品在日常生活中随处可见，如月饼、七巧饼、冰激凌等大部分是由模具成形的，如图 1-7 所示。

以上都是非常简单的模具，本课题将要学习的是各种复杂的成形金属材料和非金属材料模具的制造。例如，模具在汽车制造业中的应用，如图 1-8 所示。

图 1-7　日常生活中的模具

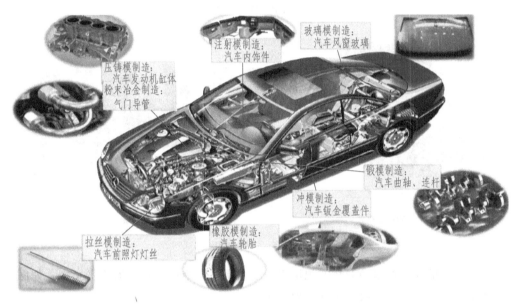

图 1-8　汽车制造过程中使用的模具

　　模具就是制作模型的工具，是指在工业生产中，用各种压力机和装在压力机上的专用工具，以注塑、吹塑、挤出、压铸或锻压成形、冶炼、冲压、拉深等方法，把金属或非金属材料制作成所需形状的零件或制品，这些专用工具统称为模具。也就是说，模具是指利用其本身特定形状去成形具有一定形状和尺寸的制品的工具。

　　在航空航天工业中，60%～65%的零件是通过模具制造而成的，如图 1-9 所示。

图 1-9　模具在航空航天工业中的应用

　　在船舶制造、铁路制造、汽车及摩托车制造和装备制造业中，60%～70%的零件是通过模具制造而成的，如图 1-10 所示。

　　在电子产品制造业中，80%以上的零件是通过模具制造的，如图 1-11 所示。

　　在家用电器制造业中，90%以上的零件是通过模具制造的，如图 1-12 所示。

图 1-10　模具在船舶制造等工业中的应用

图 1-11　模具在电子产品制造业中的应用

图 1-12　模具在家用电器制造业中的应用

想一想

举例说明模具在生活中的应用，并指出它们分别使用哪种类型的模具（不少于 3 例）。

二、模具的特点及分类

1. 模具的特点

由于模具生产技术的现代化，在现代工业生产中，模具已广泛用于电器产品、电子计算机产品、仪表设备、汽车、军械及通用机械等产品的生产中，其主要原因是由于模具具有以下特点：

（1）制件的互换性好　在模具一定使用寿命范围内，合格制件（冲压件、塑件、锻件等）的相似性好，可完全互换。

（2）模具的适应性强　针对产品零件的生产规模和生产形式，可采用不同结构和档次的模具与之相适应。例如，为适应产品零件的大批量生产，可采用高效率、高精度和长寿命的、自动化程度高的模具；为适应产品试制或多品种、小批量的产品零件生产，可采用通用模具（如组合冲模、快换模具），以及各种经济型模具。

可根据不同产品零件的结构、性质、精度和批量，以及零件材料、材料性质和供货形式，采用不同种类的模具。例如，锻件需采用锻模，冲压件需采用冲模，塑件需采用塑料成型模具，薄壳塑件需采用吸塑或吹塑模具等。

（3）生产率高、消耗低　采用模具成形加工，产品零件的生产率高。高速冲压可达1800次/min，常用冲模速度也可达200~600次/min。塑件注射循环时间可缩短至1~2min，若采用热流道模具，进行连续注射成型，生产率则更高，可满足大批量生产塑件的要求。采用高效滚锻工艺和辊锻模，可进行连杆锻件连续滚锻成形。采用塑料异形材挤出模，进行建筑用门窗异形材挤出成型，其挤出成型速度可达4m/min。可见，采用模具进行成形加工与机械加工相比，不仅生产率高，而且生产消耗低，可大幅度节约原材料和人力资源，是进行产品生产的一种优质、高效、低耗的生产技术。

（4）社会效益高　模具是高技术含量的产品，其价值和价格主要取决于模具材料、加工、外购件的劳动与消耗三项直接发生的费用和模具设计与试模等技术费用。后者是模具价值和市场价格的主要组成部分，其中少部分技术费用计入了市场价格，大部分技术费用则是通过受益于模具用户和产品用户转变为社会效益。例如，尽管电视机用模具的一次投资较大，但在大批量生产的每台电视机的成本中仅占极小部分，其费用仅为电视机产品价格的1/3000~1/5000，甚至可以忽略不计，而其超高的模具价值则被社会所拥有，变成了社会财富。

模具是现代工业生产中广泛应用的优质、高效、低耗、适应性很强的生产技术，或称成形工具、成形工装产品。模具是技术含量高、附加值高、使用广泛的新技术产品，是价值很高的社会财富。

2. 模具的分类

根据所加工原料的不同，模具的分类如下：

1）金属板材成形模具，如冲模等。

2）金属体积成形模具，如锻（镦、挤压）模，压铸模等。

3）非金属材料制品用成形模具，如塑料注射模和压缩模，橡胶制品、玻璃制品、陶瓷制品用的成形模具等。

模具的详细分类如图1-13所示。

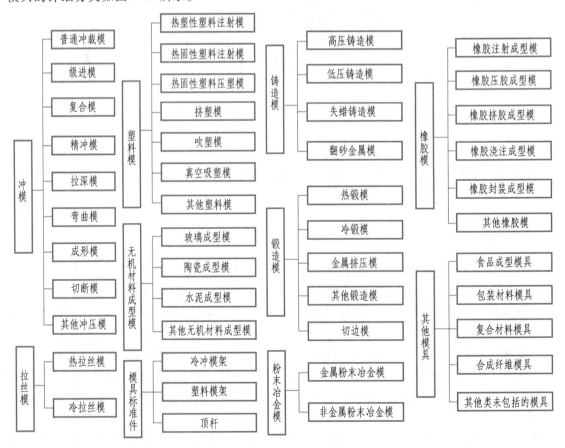

图1-13　模具的详细分类

想一想

1. 模具的特点有哪些？
2. 常见的饮料瓶是用哪种模具生产的？

 学习评价

一、观察与评价

根据下表"观察点"列举的内容，进行学生自评和学生互评。"观察点"内容可视课堂实情及教学进度在教师引导下拓展。

观察点	学生自评			学生互评			教师评价		
	☺	😐	☹	☺	😐	☹	☺	😐	☹
能举例说明模具在日常生活中的应用									
能简述模具的概念和特点									
能分清不同模具的类别									
课堂综合表现									

二、反思与探究

从学习过程和评价结果两方面反思，分析存在的问题并寻求解决的办法。

存在的问题	解决的办法

课题二　了解典型冲模的基本结构及其工作过程

 课题说明

通过对冲压加工、冲模基本结构和工作过程的学习，对冲模形成初步的认知，为后续学习冲模零件的加工和装配奠定基础。

 相关知识

一、冲压加工与冲模

（一）冲压加工

冲压加工是现代机械制造业中先进、高效的加工方法之一，它是在室温下，利用安装在压力机上的模具对材料施加压力，使其产生分离或塑性变形，从而获得所需零件的一种压力加工方法。由于冲压加工的加工材料主要是板料，所以又称为板料加工。

1. 冲压加工的优点

冲压加工无论在技术方面还是经济方面都具有显著优点。

（1）冲压件质量稳定、尺寸精度高　由于冲压件的尺寸精度主要由模具来保证，所以加工出的零件质量稳定、一致性好，具有"一模一样"的特征，互换性好。

一般情况下，冲压加工的尺寸标准公差等级可达到 IT10~IT14，有的冲压件不需要再进行机械加工，便可满足装配和使用要求。

（2）生产率高、成本低　冲压加工是利用冲模和冲压设备完成加工的，其生产率高、操作方便，易于实现机械化、自动化。普通压力机每分钟可生产几件到几十件冲压件，高速压力机每分钟可生产数百件甚至上千件冲压件。冲压件的质量小、刚性好、强度高，冲压过程耗能少，中、大批量生产时，成本较低。

（3）材料利用率高　冲压加工是一种少、无切削加工方法，能实现少废料甚至无废料生产，在某些情况下，边角余料也可以充分利用（冲压小零件），因此材料的利用率高，一般为 70%~85%。

（4）易得到复杂冲压件　由于其利用模具加工，所以可以获得用其他加工方法不能制造或难以制造的复杂零件，如汽车覆盖件、车门等。

（5）冲压件的性能较好　冲压加工可以利用金属材料的塑性变形提高工件的强度、刚度，易于实现自动化。

2. 冲压加工的缺点

任何一种加工都有其局限性，冲压加工存在着以下缺点：

（1）模具成本高　冲压加工需要使用模具，模具的成本比较高，需要投入较多的资金。

（2）生产周期长　由于冲压加工的流程比较复杂，需要经过多个步骤和环节，因此生产周期相对较长。

（3）设备要求高　冲压加工需要使用精密的冲压设备和模具，对设备的精度和质量要求较高。

（4）技术要求高　冲压加工需要技术人员具备一定的技能和经验，对操作人员的技术水平要求较高。

（5）批量要求高　由于冲压加工的成本较高，所以要求生产批量较大，对于小批量生产来说可能不够经济。

冲压加工被广泛用于汽车、拖拉机、电机、电器、仪器仪表、国防、日用工业中。

（二）冲模

在冲压加工中，将材料加工成冲压件（或半成品）的一种特殊工艺装备，称为冲模或冲压模具。冲模在实现冲压加工中是必不可少的工艺装备，没有符合要求的冲模，冲压加工就无法进行；没有先进的冲模，先进的冲压工艺就无法实现。冲模设计是实现冲压加工的关键，一个冲压件往往要用几副模具才能加工成形。

利用模具生产的冲压制品，在航空航天、船舶、轨道交通、汽车、电子、通信、国防军事、日用五金及日常生活等领域应用非常广泛，如图 1-14 所示。

> **做一做**
>
> 由于冲压加工的加工材料主要是板料，所以又称为_____。

> **想一想**
>
> 在生活中常见到哪些利用模具生产的冲压制品？

二、典型冲模的结构及其工作过程

1. 冲模的分类

冲压件的质量、生产率及生产成本等，与冲模设计和制造有直接关系。冲模设计与制造技术水平

图 1-14　冲压制品的应用

的高低，在很大程度上决定着产品的质量、效益和新产品的开发能力。

冲模可按以下几个主要特征分类：

（1）根据工艺性质分类　根据工艺性质，冲模可分为冲裁模、弯曲模、拉深模和成形模。

1）冲裁模是指沿封闭或敞开的轮廓线使材料产生分离的模具，如落料模、冲孔模、切断模、切口模、切边模、剖切模等。

2）弯曲模是指沿着直线（弯曲线）使板料毛坯或其他坯料产生弯曲变形，从而使工件获得一定角度和形状的模具。

3）拉深模是把板料毛坯制成开口空心件，或使空心件进一步改变形状和尺寸的模具。

4）成形模是将毛坯或半成品工件按凸凹模的形状直接复制成形，而材料本身仅产生局部塑性变形的模具，如胀形模、缩口模、扩口模、起伏成形模、翻边模、整形模等。

（2）根据工序组合程度分类　根据工序组合程度，冲模可分为单工序模、复合模和级进模。

1）单工序模是指在压力机的一次行程中，只完成一道冲压工序的模具。

2）复合模是指在压力机的一次行程中，在同一工位上同时完成两道或两道以上冲压工序的模具。

3）级进模（也称连续模）是指在压力机的一次行程中，在不同的工位上逐次完成两道或两道以上冲压工序的模具。

2. 冲模的典型结构及其工作过程

（1）落料模的典型结构及其工作过程　落料模的典型结构如图 1-15 所示。

落料模的工作过程：模具开始工作时，将条料放在凹模 12 上，并由挡料销 21 定位。冲压开始时，凸模 10 和顶件块 13 首先接触条料；当压力机滑块下行时，凸模 10 与凹模 12 共同作用，冲出制件；冲压变形完成后，滑块回升时，卸料板 11 在弹簧弹力作用下，将条料从凸模 10 上刮下，同时在橡胶 19 的弹力作用下，通过顶杆 15 推动顶件块 13 将制件从凹模 12 中顶出，从而完成冲压全部过程；然后，抬起条料向前送进，由挡料销 21 进行定位，进行下一次的冲压。

（2）落料冲孔复合模的典型结构及其工作过程　落料冲孔复合模的典型结构如图 1-16 所示。

落料冲孔复合模的工作过程：模具开始工作时，将条料放在卸料板 19 上，并由三个定位销 22 定位；冲压开始时，落料凹模 7 和推件块 8 首先接触条料，当压力机滑块下行时，凸凹模 18 的外形与落

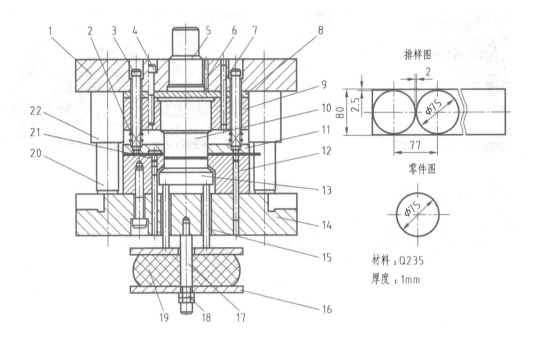

a) 落料模的结构

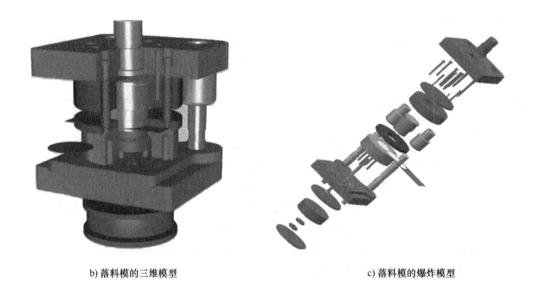

b) 落料模的三维模型　　　　　　　　c) 落料模的爆炸模型

图 1-15　落料模

1—上模座　2—弹簧　3—卸料螺钉　4—固定螺钉　5—模柄　6—模柄固定销　7—定位销　8—垫板
9—凸模固定板　10—凸模　11—卸料板　12—凹模　13—顶件块　14—下模座　15—顶杆
16—夹板　17—拉杆螺钉　18—锁紧螺母　19—橡胶　20—导柱　21—挡料销　22—导套

料凹模 7 共同作用，冲出制件外形；冲孔凸模 17 与凸凹模 18 的内孔共同作用，冲出制件内孔；冲压变形完成后，滑块回升时，在顶杆 15 的作用下，打下推件块 8，将制件排出落料凹模 7 外，而卸料板 19 在橡胶 5 弹力的作用下，将条料刮出凸凹模，从而完成冲压全部过程。

（3）冲孔落料级进模的典型结构及其工作过程　冲孔落料级进模的典型结构如图 1-17 所示。图中，a 为侧边尺寸，B 为条料宽度，s 为送料步距，a_1 为搭边尺寸。

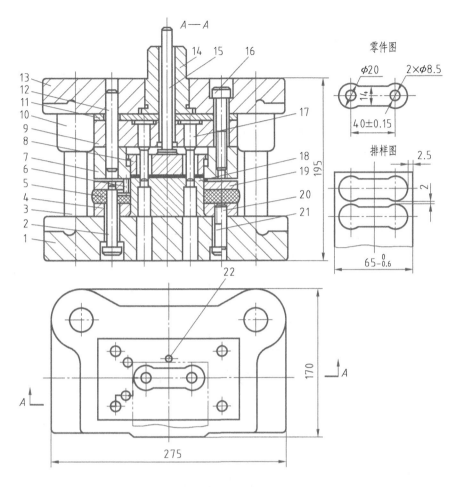

a) 落料冲孔复合模的结构

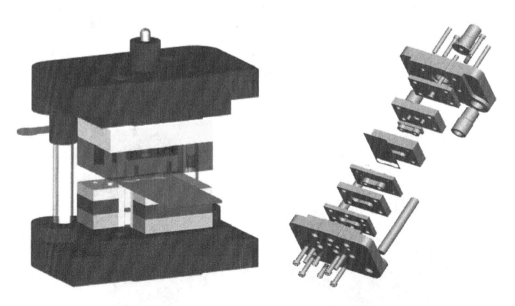

b) 落料冲孔复合模的三维模型　　　　　　　c) 落料冲孔复合模的爆炸模型

图 1-16　落料冲孔复合模

1—下模座　2—卸料螺钉　3—导柱　4—固定板　5—橡胶　6—导料销　7—落料凹模
8—推件块　9—凸模固定板　10—导套　11—垫板　12、20、22—定位销　13—上模座
14—模柄　15—顶杆　16、21—固定螺钉　17—冲孔凸模　18—凸凹模　19—卸料板

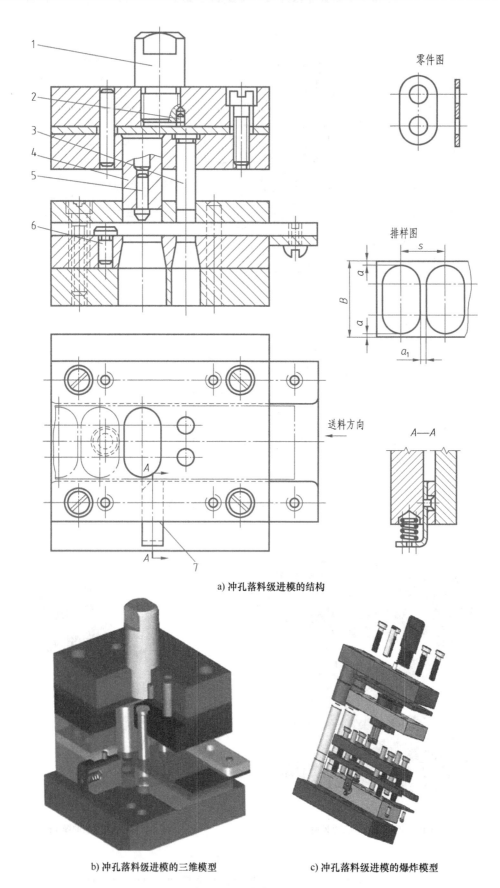

零件图

排样图

送料方向

A—A

a) 冲孔落料级进模的结构

b) 冲孔落料级进模的三维模型

c) 冲孔落料级进模的爆炸模型

图 1-17   冲孔落料级进模

1—模柄   2—模柄定位销   3—冲孔凸模   4—落料凸模   5—导正销   6—固定挡料销   7—始用挡料销

　　冲孔落料级进模的工作过程：冲孔落料级进模送料用导正销定距，上、下模用导板导向，冲孔凸模 3 与落料凸模 4 之间的距离就是送料步距 s，送料时，由固定挡料销 6 进行初定位，由两个装在落料凸模上的导正销 5 进行精定位，导正销与落料凸模的配合为 H7/r6，其连接应保证在修磨凸模时装拆方便，因此，落料凸模安装导正销的孔是个通孔，导正销头部的形状应有利于在导正时插入已冲的孔，它与孔的配合应略有间隙（为保证首件的正确定距，在带导正销的级进模中，常采用始用挡料装置，它安装在导板下的导料板中间），在条料上冲制首件时，用手推始用挡料销 7，使它从导料板中伸出并抵住条料的前端后，冲第一件上的两个孔，以后各次冲压时就都由固定挡料销 6 控制送料步距，以进行粗定位。

3. 冲模的组成零件

　　冲模通常由两类零件组成：一类是工艺零件，另一类是结构零件。工艺零件直接参与工艺过程，并与坯料有直接接触，包括工作零件、定位零件、卸料与压料零件等；结构零件不直接参与工艺过程，也不与坯料直接接触，只在工艺过程中起保证作用，或起完善模具功能的作用，包括导向零件、固定零件、标准件及其他零件等，如图 1-18 所示。

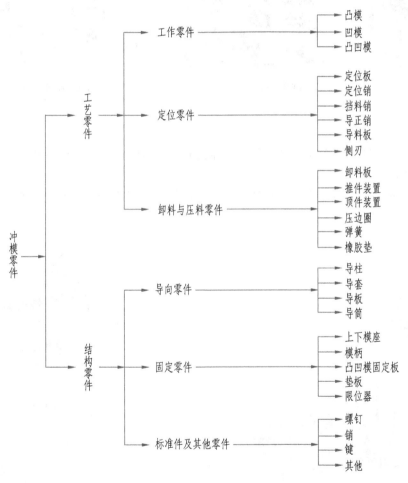

图 1-18　冲模的组成零件

三、冲压设备简介

冲压设备是指冲压加工所用的工艺设备。冲压设备按工作原理分为曲柄压力机、液压机和螺旋压力机。

（1）曲柄压力机 曲柄压力机按床身结构形式，可分为开式和闭式曲柄压力机。开式曲柄压力机也称冲床，适用于压制中小型零件（图1-19a）；闭式曲柄压力机适用于压制大型零件（图1-19b）。

a）开式曲柄压力机   b）闭式曲柄压力机

图1-19 曲柄压力机

（2）液压机 液压机（图1-20）是一种以液体为介质传递能量，以实现各种工艺的机器，分为油压机和水压机两大类。

（3）螺旋压力机 螺旋压力机（图1-21）是指通过使一组以上的外螺栓与内螺栓在框架内旋转，以产生加压力的压力机械的总称。

图1-20 液压机   图1-21 螺旋压力机

 做一做

1. 冲压设备按工作原理分为_____、_____和_____。

2. 液压机是一种以_____为介质传递能量，以实现各种工艺的机器。

学习评价

一、观察与评价

根据下表"观察点"列举的内容，进行学生自评和学生互评。"观察点"内容可视课堂实情及教学进度在教师引导下拓展。

观察点	学生自评			学生互评			教师评价		
	☺	😐	☹	☺	😐	☹	☺	😐	☹
能简述冲压加工的特点									
能认识典型冲模的基本结构									
能分清不同类型的冲压设备									
课堂综合表现									

二、反思与探究

从学习过程和评价结果两方面反思，分析存在的问题并寻求解决的办法。

存在的问题	解决的办法

课题三　了解典型塑料模具的基本结构及其工作过程

 课题说明

通过对塑料及其制品的生产过程及塑料模具基本结构和工作过程的学习，形成对塑料模具初步的认知，为后续学习塑料模具零件的加工和塑料模具装配奠定基础。

 相关知识

一、塑料及其制品的生产过程

塑料工业分为塑料生产和塑料制品（塑件）生产两大行业，这两个行业相辅相成、缺一不可。塑料制品生产是连接塑料工业与其他工业的桥梁。塑料生产与塑料制品生产的关系如图1-22所示。

塑料的成型加工是根据各种塑料的固有特性，采用不同的模塑工具和方法，将各种形态的塑料（粉料、粒料、溶液或分散体）制成所需形状或坯件的过程。塑料成型所使用的模塑工具即为塑料模具。

塑料模具是塑料制品生产的基础，当塑料制品及其成型设备确定后，塑料制品质量的优劣及生产率的高低80%取决于模具因素。大型塑料模具的设计技术与制造水平，可反映出国家工业化的发展程度。

现代塑料制品生产中，合理的加工工艺、高效率的设备和先进的模具，被誉为塑料制品成型技术

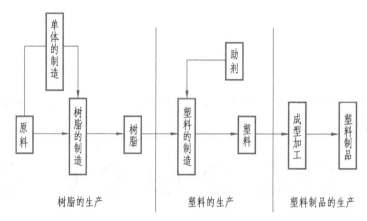

图 1-22 塑料生产与塑料制品生产的关系

的"三大支柱"。尤其是塑料模具，对实现塑料制品加工工艺要求、使用要求和外观造型要求，起着无可替代的作用。高效全自动化设备，也只有装上能自动化生产的模具，才能发挥其应有的效能。此外，塑料制品生产与产品更新均以模具制造和更新为前提。

塑料模具的制造过程是指根据塑料制品的形状、尺寸要求，制造出结构合理、使用寿命长、精度较高、成本较低、能批量生产出合格产品的模具的过程。

二、典型塑料模具的结构及其工作过程

（1）注射模 注射成型是将粒状或粉状的塑料原料加入到注塑机的料筒中，经过加热熔融成黏流态，在柱塞或螺杆的推动下，熔融塑料以一定的流速通过料筒前端的喷嘴进入闭合的模具型腔中，经过一定的保压，塑料在模内冷却、硬化定型，再打开模具，从模内脱出成型的塑件，如图 1-23 所示。

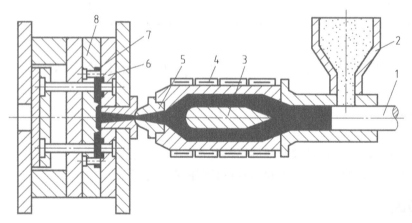

图 1-23 注射成型原理

1—柱塞 2—料斗 3—分流锥 4—加热器 5—喷嘴 6—定模板 7—塑件 8—动模板

（2）压缩模 压缩成型是将预热过的塑料原料直接放在经过加热的模具型腔内，凸模向下运动，在热和压力的作用下，塑料呈熔融状态并充满型腔，然后固化成型。压缩模多用于热固性塑料制品的成型，如图 1-24 所示。

（3）压注模 压注模的加料室与型腔是通过浇注系统连接起来的，通过压柱或柱塞将加料室内受热塑化熔融的热固性塑料经浇注系统压入被加热的闭合型腔，最后固化定型，如图 1-25 所示。

与压缩成型相比，压注成型的效率高、质量好，适合成型带有细小嵌件、较深的孔及较复杂的塑件，尺寸精度较高、收缩率大、模具结构复杂，成型所需要的压力较高，制造成本高。

（4）挤出模 挤出成型是利用挤出机料筒内的螺杆旋转加压的方式，连续地将塑化好的、呈熔融状态的物料从挤出机的料筒中挤出，并通过特定截面形状的机头口模成型，借助于牵引装置将挤出的

图 1-24　压缩模和压缩成型零件

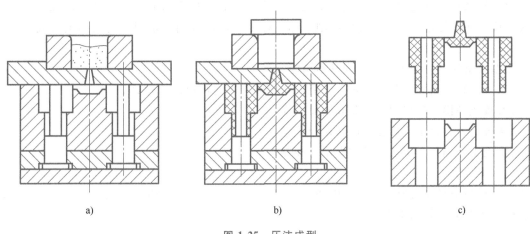

a)　　　　　　　　　　b)　　　　　　　　　　c)

图 1-25　压注成型

塑料制件均匀拉出，同时冷却定型，获得与截面形状一致的连续型材，如管材、棒材、板材、片材、电线电缆的包覆层及其他的异形材等，如图 1-26 所示。

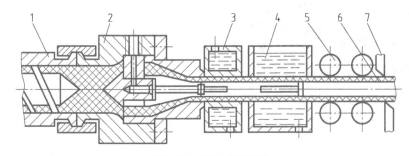

图 1-26　挤出成型原理

1—挤出机料筒　2—机头　3—定径装置　4—冷却装置　5—牵引装置　6—塑料管　7—切割装置

（5）气动成型模　气动成型模是指利用气体作为动力成型塑料制件的模具。气动成型模包括中空吹塑成型模、真空成型模与压缩空气成型模等。

1）中空吹塑成型。中空吹塑成型是将挤出机挤出或注塑机注射出的处于半熔融状的型坯置于闭合的模腔内，然后向型坯内吹入压缩空气，使其胀大并紧贴在模腔表壁，经冷却定型后获得具有一定形状和尺寸精度的中空塑料制品。中空成型主要用于生产塑料瓶子、水壶、提桶、玩具等。

2）真空成型。真空成型是将加热过的塑料片材放在模具型腔的表面，然后在两者之间形成的封闭空腔内抽真空，在大气压力的作用下发生塑性变形的片材紧贴在模具型腔表面而成为塑件的成型方法。

3）压缩空气成型。压缩空气成型是利用压缩空气使加热软化的塑料片材发生塑性变形，并贴紧在模具表面成为塑件的成型方法。

三、塑料成型设备简介

塑料成型设备是指塑料成型加工所用的工艺设备。

塑料成型常见设备是注塑机。

在注塑机上，利用注射成型模具，采用注射成型工艺获取制品的方法，称作注射成型。可以注射成型的材料有塑料、陶瓷、金属粉末与树脂混合的材料等。由于注射成型技术具有诸多优点，能够一次成型出形状复杂且质量高的制品，生产率及自动化程度高、材料的加工适应性强，既可成型热塑性塑料，又可成型热固性塑料，所以在塑料制品加工业中被广泛应用，是塑料制品的主要成型工艺方法之一。

注射成型要求注塑机必须具备下列基本功能：

1）可实现塑料原料的塑化、计量，并能以一定的压力将熔料注入模具。

2）可实现成型模具的启闭、锁紧和制品脱模。

3）可实现成型过程中所需能量的转换与传递。

4）可实现工作循环及工艺条件的设定与控制。

1. 注塑机的基本组成

注塑机全称为塑料注射成型机，它由注射装置、合模装置、电气和液压控制系统、润滑系统、水路系统、机身等组成，如图1-27所示。

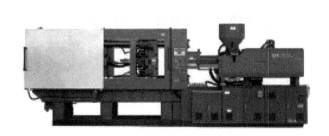

a) 实物图

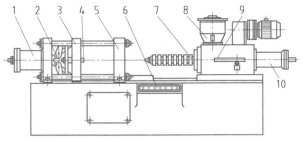

b) 示意图

图 1-27　注塑机

1—锁模液压缸　2—锁模机构　3—移动模板　4—顶杆　5—固定模板　6—控制台
7—料筒及加热器　8—料斗　9—定量供料装置　10—注射液压缸

（1）注射装置　该装置可将固态塑料预塑为均匀的熔料，并以高速将熔料定量地注入模腔。

（2）合模装置　该装置可使模具打开和闭合，并确保在注射时模具不开启。在合模装置内还设有推出制品用的推出装置。

（3）电气和液压控制系统　该系统可使注塑机按照工序要求准确地动作，并精确地实现工艺条件要求（如时间、温度、压力等）。

（4）润滑系统　该系统可为注塑机各运动部件提供润滑。

（5）水路系统　该系统可用于注塑机液压油的冷却、料斗区域的冷却以及模具的冷却。

（6）机身　机身是一个稳固的焊接构件，它的上方安置合模装置和注射装置；下方安置电气和液压控制系统。

2. 注塑机的工作过程

各种注塑机完成注射成型的动作程度可能不完全相同，但其成型的基本过程是相同的。以最常用的螺杆式注塑机为例，其工作过程循环如图 1-28 所示。

（1）合模　模具首先以低压高速进行闭合，当动模接近定模时，合模装置的液压系统将合模动作切换成低压低速（即试合模），在确认模具内无异物存在时，再切换成高压低速，从而将模具锁紧。

（2）注射装置前移　注射座移动液压缸工作，使注射装置前移，保证喷嘴与模具主流道入口以一定的压力贴合，为注射工序做好准备。

（3）注射与保压　完成上面两项工作后，便可向注射液压缸注入压力油，于是与注射液压缸活塞杆相连接的螺杆便以高压、高速将料筒内的熔料注入模腔。熔料充满模腔后，要求螺杆仍对熔料保持一定的压力，以防止模腔内的熔料回流，并向模腔内补充制品收缩所需的物料，避免制品产生缩孔等缺陷。保压时，螺杆因补缩会有少量的前移。

（4）冷却和预塑　一旦浇口料固化，就会卸除保压压力。此时，合模液压缸的高压也可卸除，制品在模内继续冷却定型。为缩短成型周期，将预塑过程安排在制品冷却的时间段内进行。预塑是指注射装置对下一模用的塑料进行塑化。

（5）注射装置后退　成型时，为避免喷嘴长时间与冷模具接触而在喷嘴端口处形成冷料，影响下次注射和制品质量，需要将喷嘴撤离模具，即安排注射装置后退工序。当模具温度较高时，可以取消此工序，使注射装置固定不动。

（6）开模和顶出制品　模内制品冷却定型后，合模装置即可开模，顶出装置动作，使制品顶离模具。随后应清理模具，为下模成型做好准备。

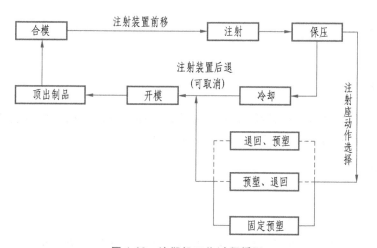

图 1-28　注塑机工作过程循环

想一想

1. 注塑机由哪些部分组成？各部分的作用分别是什么？
2. 注塑机的工作过程是怎样的？

 学习评价

一、观察与评价

根据下表"观察点"列举的内容，学生自评和学生互评。"观察点"内容可视课堂实情及教学进度在教师引导下拓展。

观察点	学生自评			学生互评			教师评价		
	☺	😐	☹	☺	😐	☹	☺	😐	☹
能简述塑料及其制品的生产过程									
能认识典型塑料模具的结构及工作过程									
能认识塑料成型的常见设备									
课堂综合表现									

二、反思与探究

从学习过程和评价结果两方面反思，分析存在的问题并寻求解决的办法。

存在的问题	解决的办法

课题四　认识模具制造技术的现状及其发展趋势

课题说明

通过本课题的学习，了解模具制造的基本要求及常用加工方法，认识模具制造技术的现状及其发展趋势，培养认真负责的工作态度和严谨细致的工作作风。

相关知识

一、模具制造的基本要求及常用加工方法

模具作为现代工业生产中的重要工艺装备，其制造质量、使用寿命、生产周期等均对其产品的生产成本、质量、周期有重要影响。因此，对加工模具的基本要求是：精度高、寿命长、制造周期短、成套生产、成本低。

模具的精度、寿命、制造周期和成本等指标是互相关联、互相影响的。模具的制造精度越高，使用寿命越长，往往导致制造成本增加。反之，降低制造成本和缩短制造周期，则会影响制造精度和使用寿命。因此，在模具设计和制造中，应视具体情况全面考虑，在保证制件质量的前提下，选择与制件产量相适应的模具结构、精度、材料及制造方法，从而使模具制造成本降至最低。

机械加工是模具制造中的重要加工方法之一，模具中的大多数零件都是通过机械加工方法制造的。常用的机械加工设备有普通机床和数控机床。

1. 普通机床

常用的普通机床有车床、钻床、铣床、刨（插）床、磨床等。常用普通机床的种类及其在模具加工中的应用见表1-1。

表 1-1 常用普通机床的种类及其在模具加工中的应用

序号	机床	种类	图 示	在模具加工中的应用
1	车床	卧式车床		车床可加工模具零件中的凸模、导柱导套、圆形定位柱等回转体零件
		立式车床		
		转塔车床		
2	钻床	立式钻床	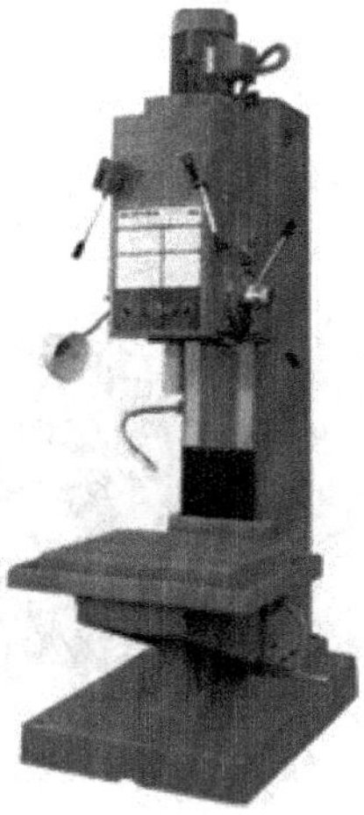	钻床可加工模具上的各种孔,深孔钻床还可用来加工冷却水道等较深的孔

（续）

序号	机床	种类	图　　示	在模具加工中的应用
2	钻床	摇臂钻床	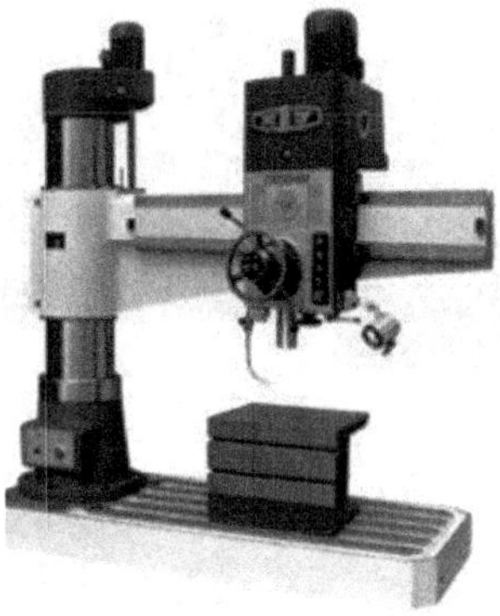	钻床可加工模具上的各种孔，深孔钻床还可用来加工冷却水道等较深的孔
		可调多轴钻床		
		深孔钻床		
3	铣床	卧式铣床		铣床可加工模具中的凸模、凹模、动模板、定模板、固定板等平面零件，常用于半精加工

（续）

序号	机床	种类	图　示	在模具加工中的应用
3	铣床	立式铣床		铣床可加工模具中的凸模、凹模、动模板、定模板、固定板等平面零件,常用于半精加工
		龙门铣床		
4	刨、插床	牛头刨床		刨床主要用于平面加工;龙门刨床用于加工尺寸较大的工件;插床又称立式牛头刨床,主要用来加工工件的内表面,如键槽、多边形孔
		龙门刨床	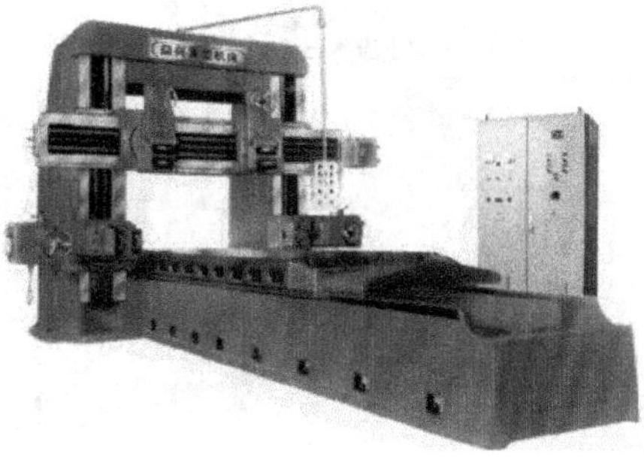	

（续）

序号	机床	种类	图　示	在模具加工中的应用
4	刨、插床	插床		刨床主要用于平面加工；龙门刨床用于加工尺寸较大的工件；插床又称立式牛头刨床，主要用来加工工件的内表面，如键槽、多边形孔
5	磨床	平面磨床		磨床的加工精度高、表面粗糙度值小，常用于模具零件的半精加工和精加工。不同的磨床可以加工平面、外圆表面、内圆表面以及各种曲面
		外圆磨床	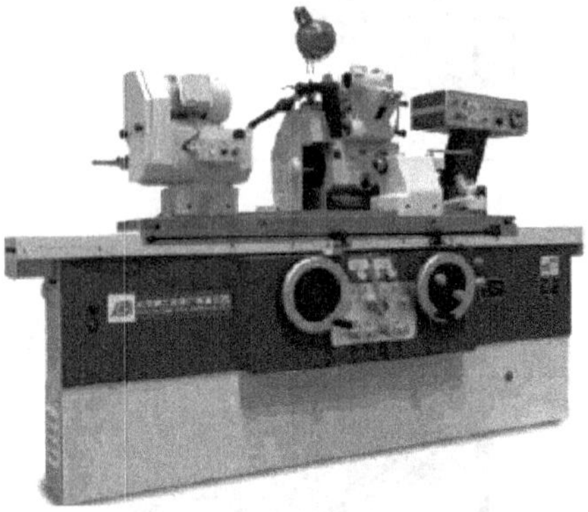	
		内圆磨床		

2. 数控机床

数控机床（NC 机床）中的数控是指把控制机床或其他设备的操作指令（或程序）以数字形式给定的一种控制方式。利用数控方式，按照给定程序自动地进行加工的机床称为数控机床。目前，数控机床已广泛应用，常用数控机床的种类有数控车床、数控铣床、数控磨床、加工中心等。常用数控机床的种类及其在模具加工中的应用见表 1-2。

表 1-2　常用数控机床的种类及其在模具加工中的应用

序号	机床种类	图　示	在模具加工中的应用
1	数控车床		数控车床的机械部分与普通车床差别不大。数控车床不仅能够完成普通的车削加工，而且利用数控系统和进给伺服系统，能加工复杂曲线组成的回转表面
2	数控铣床		数控铣床的机械部分与普通铣床基本相同，工作台可以做横向、纵向和垂直方向的运动，因此普通铣床所能加工的工艺内容，数控铣床都能完成。此外，其数控系统通过伺服系统控制两个或三个轴同时运动，可加工出复杂的三维型面。数控铣床还可以作为数控钻床或数控镗床，加工具有一定尺寸精度要求和一定位置精度要求的孔
3	数控磨床	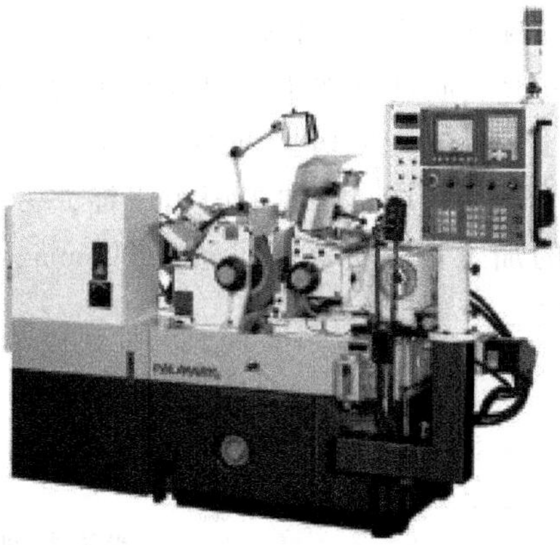	数控磨床的机械部分与普通磨床差别不大。数控磨床不仅能够完成普通磨削加工，而且利用数控系统和进给伺服系统，能进行复杂表面的半精加工和精加工

（续）

序号	机床种类	图　示	在模具加工中的应用
4	加工中心		在数控铣床的基础上增加刀具库和自动换刀系统，就构成了加工中心。加工中心的刀具库可以存放十几把甚至更多的刀具，由程序控制换刀机构自动调用与更换，可以一次完成多种工艺加工

与普通机床相比，数控机床的优点如下：

（1）自动化程度高、生产率高　数控机床对零件的加工是按事先编好的程序自动完成的，操作者除安放穿孔带或操作键盘输入程序、装卸零件及进行必要的测量与观察外，不需要进行繁杂的手工操作，其自动化程度高。同时，由于数控机床能有效地减少加工零件所需要的机动时间和辅助时间，所以数控机床的生产率比普通机床高得多。

（2）加工精度高、产品质量稳定　数控机床具有很高的控制精度，可以保证很高的定位精度和重复定位精度，所以其加工零件的精度高，而且产品尺寸一致性好，产品质量稳定。同时，数控机床的自动加工方式还可以避免生产者的人为操作误差，保证了产品质量。

（3）控制灵活、适应性强　在数控机床上，改变控制程序，即可完成对不同工件的加工，这为单件、小批量生产创造了便利条件，非常适合于模具零件的加工。

3. 模具零件的特种加工

特种加工是直接利用电能、化学能、光能等进行加工的方法。特种加工与普通机械加工有本质的不同，它不要求工具材料比工件材料更硬，也不需要在加工过程中施加明显的机械力。它可以完成普通机械加工无法完成的加工工作，适合加工各种材料而且结构复杂的模具零件，是模具制造中一种必不可少的重要加工方法。

这里主要介绍目前模具制造企业常用的电火花加工方法。

电火花加工是基于工具电极与工件电极（正极与负极）之间脉冲性火花放电时的电腐蚀现象来对工件进行加工，以达到一定形状、尺寸和表面粗糙度要求的加工方法。电火花加工也称放电加工或电蚀加工。当工具电极与工件电极在绝缘液体中靠近时，极间电压将在两极间"相对最靠近点"电离击穿，形成脉冲放电。在放电通道中瞬时产生大量的热能，使金属局部熔化甚至汽化，并在放电爆炸力的作用下，把熔化的金属抛出去，达到蚀除金属的目的。电火花加工可分为电火花成形加工（图1-29）和电火花线切割加工（图1-30）两类。其中，电火花成形加工广泛应用于模具成形零件的表面加工，适宜对模具零件的复杂、微细成形表面进行加工，以及加工模具型腔表面上的文字、立体图案、花纹等。电火花线切割加工可使用快走丝线切割机床（图1-31）和慢走丝线切割机床（图1-32）。快走丝线切割机床的加工精度可达0.01mm，加工面稍粗糙，常用钼丝切割，其优点是钼丝可以重复多次使用。慢走丝线切割机床的加工精度更高，可达0.001mm，表面质量接近磨削水平，常用铜丝切割，但缺点是铜丝只能使用一次。

> **做一做**
>
> 1. 模具制造的基本要求是＿＿＿＿＿＿＿＿＿＿＿＿＿＿＿＿。
>
> 2. 特种加工是直接利用＿＿＿＿＿＿、＿＿＿＿＿＿、＿＿＿＿＿＿等进行加工的方法。

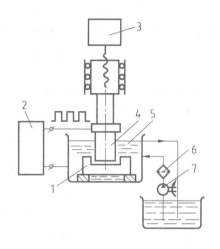 

a) 电火花成形加工原理示意图　　　　　　　　　b) 电火花成形加工机床

图 1-29　电火花成形加工

1—工件　2—脉冲电源　3—自动进给装置　4—电极　5—液体介质　6—过滤器　7—液压泵

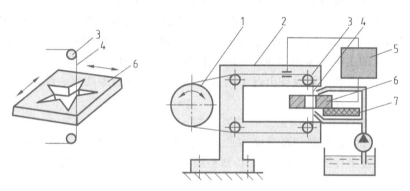

图 1-30　电火花线切割加工

1—贮丝筒　2—支架　3—导向轮　4—钼丝　5—脉冲电源　6—工件　7—绝缘底板

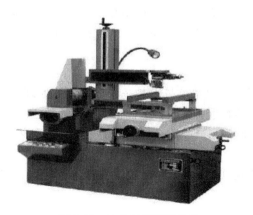 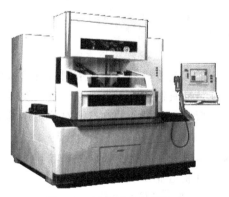

图 1-31　快走丝线切割机床　　　　　　　　　图 1-32　慢走丝线切割机床

 【拓展知识】

机床的发展历史（请扫描二维码）。

机床的发展历史

二、模具制造技术的现状及发展趋势

世界各国都视模具工业为国民经济发展的关键行业，并致力于提高模具制造的水平，以取得显著的经济效益。在美国，模具工业被认为是"美国工业的基石"。在德国，模具工业被冠以"金属加工业中的帝王"称号，被认为是所有工业中的"关键工业"。一些国家则更加直接地宣称"模具就是黄金"。我国某些模具专家认为"模具是印钞机"。可见模具工业在世界各国经济发展中都具有重要的地位。

市场经济发展的需要和产品更新换代不断加快，对模具制造提出了越来越高的要求，模具制造质量提高、生产周期缩短已经成为该行业发展的必然趋势。纵观模具制造业近十余年的发展，其主要发展方向可以归纳为如下几个方面：

1. 模具生产的专业化和标准化程度不断提高

多年来的模具制造实践表明，要使模具技术高速发展，实现专业化、标准化生产是关键。据统计，美国模具专业化程度已超过 90%，日本也超过了 75%。而我国模具专业化程度还处在 30% 左右。

实现模具专业化生产的前提是模具标准化，这样可使专业模具生产厂减少 30%～50% 的制造工作量，降低 50% 的成本。有了模具的各项生产标准，才能采用专用的先进生产设备和技术，建立专门的机械化和自动化生产线，使用高精度的、专用的质量检测手段，从而实现提高模具质量、缩短生产周期、降低制造成本的目标。

2. 模具粗加工技术向高速加工发展

以高速铣削为代表的高速切削加工技术代表了模具零件外形表面粗加工发展的方向。高速铣削可以大大改善模具表面的质量状况，提高加工效率，降低加工成本。例如：IN-GERSOLL 公司生产的 VHM 型超高速加工中心的切削进给速度为 76m/min，主轴转速为 45000r/min；瑞士 SIP 公司生产的 AFX 立式精密坐标镗床的主轴转速为 30000r/min；日本森铁工厂生产的 MV-40 型立式加工中心，转速高达 40000r/min。另外，毛坯下料设备出现了高速锯床、激光切割等高速、高效率加工设备，还出现了高速磨削设备和强力磨削设备等。

3. 成形表面的加工向精密、自动化方向发展

成形表面的加工向计算机控制和高精度加工方向发展。数控加工中心、数控电火花成形加工设备，以及计算机控制连续轨迹坐标磨床和配有 CNC 修整装备与精密测量装置的成形磨削加工设备等的推广使用，是提高模具制造技术水平的关键。

4. 光整加工技术向自动化方向发展

当前模具成形表面的研磨、抛光等光整加工仍然以手工作业为主，不仅花费工时多，而且劳动强度大、表面质量低。工业发达国家正在研制由计算机控制、带有磨料磨损自动补偿装置的光整加工设备，可以对复杂型面的三维曲面进行光整加工，并开始在模具加工中使用，可大大提高光整加工的质量和效率。

5. 反向制造工程制模技术的发展

以三坐标测量机和快速成形制造技术为代表的反向制造工程制模技术是一种以复制为原理的制造技术。它是模具制造技术上的又一重大发展，对模具制造具有重要影响。这种技术特别适用于多品种、少批量、形状复杂模具的制造，对缩短模具制造周期，进而提高产品的市场竞争能力有重要意义。

6. 模具 CAD/CAM 技术的普及

模具 CAD/CAM 技术在模具设计和制造上的优势越来越明显，普及和提高模具 CAD/CAM 技术的应用是模具制造业发展的必然趋势。

7. 大力研发模具用材料

模具材料是影响模具寿命、质量、生产率和生产成本的重要因素。没有充足的、高质量的、品种系列齐全的模具用材料，模具工业要赶上世界先进水平就只能是纸上谈兵。加速研发急需的模具新钢种，如高强韧、高耐磨新型优质模具钢，大力发展硬质合金模具材料，已经势在必行。

> **💡 想一想**
>
> 模具制造的发展趋势有哪些？

学习评价

一、观察与评价

根据下表"观察点"列举的内容，进行学生自评和学生互评。"观察点"内容可视课堂实情及教学进度在教师引导下拓展。

观察点	学生自评			学生互评			教师评价		
	☺	😐	☹	☺	😐	☹	☺	😐	☹
能根据模具零件的特点合理选择加工机床									
能简述模具制造技术的发展趋势									
课堂综合表现									

二、反思与探究

从学习过程和评价结果两方面反思，分析存在的问题并寻求解决的办法。

存在的问题	解决的办法

单元检测

一、填空题

1. 在古代，模具被称为_____。

2. 模具是指利用其本身特定形状去成形具有一定形状和尺寸的制品的_____。

3. 特种加工是直接利用_____、_____、_____等进行加工的方法。

4. 电火花成形加工广泛应用于模具成形零件的_____。

5. 我国某些模具专家认为"模具是_____"。

6. 电火花线切割加工可分为_____线切割机床和_____线切割机床。

二、选择题

1. 按照模具产品的材料分类，冲模属于（　　　）。

A. 金属板材成形模具　　　　　B. 金属体积成形模具

C. 非金属材料制品成形模具　　D. 无法判断

2. 在电子产品制造工业中，有（　　　）的零件需通过模具制造。

A. 60%～70%　　　　　　　　B. 70%～80%

C. 80%以上　　　　　　　　　D. 90%以上

3. 回转体零件可以用（　　　）加工。

A. 普通车床　　　　　　　　　B. 普通铣床

C. 平面磨床　　　　　　　　　D. 钻床

4. 按照模具产品的材料分类，铸造模具属于（　　　）。

A. 金属板材成形模具　　　　　　B. 金属体积成形模具
C. 非金属材料制品成形模具　　　D. 无法判断
5. 快走丝线切割机床常用（　　　　）切割，其优点是该金属丝可以重复多次使用。
A. 钼丝　　　　　　　　　　　　B. 铜丝
C. 钢丝　　　　　　　　　　　　D. 铝丝

三、判断题

1. 按照工艺性质分类，冲模中有落料模、冲孔模、吸塑模、吹塑模。　　　　　　（　　）
2. 按照工艺性质分类，塑料模中有落料模、冲孔模、弯曲模等。　　　　　　　　（　　）
3. 冲压制品生产的三要素是冲模、冲压材料和冲压成形设备。　　　　　　　　　（　　）
4. 合理的加工工艺、高效率的设备和先进的模具，是塑料制品成型技术的"三大支柱"。（　　）
5. 利用普通铣床可以铣平面、铣台阶、铣孔及铣槽等。　　　　　　　　　　　　（　　）
6. 数控机床加工零件有高效率、高精度、减轻劳动强度、加工普通机床难以加工的复杂零件等优点。　　　　　　　　　　　　　　　　　　　　　　　　　　　　　　　　　　　　（　　）
7. 快走丝线切割机床与慢走丝线切割机床的加工精度没有区别。　　　　　　　　（　　）

四、简答题

1. 冲模根据工艺性质分类有哪些？
2. 冲压加工的特点有哪些？
3. 模具制造的基本要求有哪些？
4. 注塑机的组成有哪些？各部分作用是什么？
5. 注塑机的工作过程包括哪些？
6. 简述模具制造技术的发展方向。

常用模具材料的选用与热处理

单元说明

通过本单元的学习，熟悉模具材料的分类及常用模具材料的性能；熟悉模具钢的热处理工艺及应用，学会分析和制订简单的热处理工艺；能根据模具的特性及材料的主要力学性能指标，合理选择生产需要的模具材料；能结合所学的知识分析模具材料失效的原因并提出应对措施，熟悉模具材料检测的方法。

单元目标

素养目标

1. 培养敬业精神和精益求精的工匠精神。
2. 培养学生的产品意识和质量意识。
3. 培养学生积极进取的工作态度和良好的团队协作意识。

知识目标

1. 掌握常用模具材料的分类及性能特点并能合理选用。
2. 熟悉模具材料热处理工艺的制订方法。
3. 熟悉模具材料的失效原因及应对措施。
4. 了解模具材料的检测设备及检测方法。

能力目标

1. 能根据模具的特点选择合适的模具材料。
2. 能制订模具材料的热处理工艺。
3. 会分析模具材料的失效原因，并提出应对措施。
4. 会使用常用模具材料检测设备。

课题一 熟悉常用模具材料的分类及性能

 课题说明

通过本课题的学习，了解模具材料的分类，熟悉不同模具材料的成分及性能，逐渐形成独立思考、自主学习、不断探索的习惯。

 相关知识

近年来，伴随着制造业的迅速发展，我国的模具工业一直以 15% 左右的增速快速发展，在世界模具产值中所占比例显著提高。模具制造的重点是模具材料。制造模具及其零件的材料有很多，如钢、铸铁、非铁金属及其合金、高温合金、硬质合金、钢结硬质合金、有机高分子材料、无机非金属材料、天然或人造金刚石等。其中，钢是使用最多、应用范围最广的材料。我国模具用钢广泛，除了工具钢（碳素工具钢、合金工具钢、高速工具钢），还有轴承钢、弹簧钢、调质钢、渗碳钢、不锈钢等，钢种达数十种之多，较为常用的有 Cr12、Cr12MoV、CrWMn、3Cr2W8V、5CrMnMo、5CrNiMo、45、40Cr 等。

一、模具材料的分类

模具材料主要是模具钢。我国模具钢的产量在 110 万吨左右，位居世界前列。模具钢一般选用碳素工具钢、合金工具钢、合金结构钢、硬质合金等，其品种繁多，分类方法也不尽相同。通常根据材料的服役条件，将模具钢分为四类：冷作模具钢、热作模具钢、塑料模具钢及其他模具钢（如玻璃模具钢），见表 2-1。

表 2-1 常用模具钢的种类、特点及应用

模具钢的种类	特点	常用材料	应用
冷作模具钢	冷作模具钢是指使金属在冷态下变形或成形所使用的模具钢。冷作模具的工作温度虽不高，但要承受较高的压力、冲击力、摩擦力，因此冷作模具钢主要的技术要求是要有高硬度和一定的韧性	我国常用的材料有 CrWMn、Cr12、Cr12MoV。国外常用的材料有低合金油淬模具钢 01（CrWMnV）、中合金空淬模具钢 A2（Cr5Mo1V）和高碳高铬模具钢 D3（Cr12）、D2（Cr12Mo1V1）	主要用于制造对金属或非金属板材进行下料、冲孔用的凸模和凹模
热作模具钢	热作模具钢是指用于制造对金属进行热变形的模具所用的工模具钢。热作模具是在反复受热和冷却条件下工作的，甚至长时间处于高温、高压的条件下，因此要求模具钢要具有较高的抗热塑性变形能力、良好的韧性、耐磨性和耐热疲劳性等	我国常用的模具钢有 5CrNiMo、5CrMnMo、3Cr2W8V、4Cr5MoSiV1 等。国外常用的模具钢主要有 55NiCrMoV6、56NiCrMoV7、H13（4Cr5MoSiV1）、H10（3Cr3Mo3VSi）、H21（3Cr2W8V）	主要用于热锻模、压铸模、热镦模、热挤压模等
塑料模具钢	塑料模具钢的性能应根据塑料种类、制品用途、成型方法和生产批量的大小而定。塑料模具钢一般要求热处理工艺简便，热处理变形小或者不变形，预硬状态的可加工性好，镜面抛光性能和图案蚀刻性能优良，表面粗糙度值小，使用寿命长	塑料模具钢属于专用钢系列，包括碳素钢、渗碳型塑料模具钢、预硬型塑料模具钢、时效硬化型塑料模具钢、耐蚀塑料模具钢、易切削塑料模具钢、马氏体时效钢、镜面抛光用塑料模具钢和铜合金、铝合金等	主要用于各类塑料制品的模具用钢
玻璃模具钢（其他模具钢）	玻璃模具钢具有良好的抗氧化性、导热性、耐疲劳性、耐磨性、可加工性，以及组织致密、均匀、膨胀系数小等优良性能	国内外通常采用铸铁和不锈钢来制造玻璃模具。常用的不锈钢有 12Cr13、20Cr13、30Cr13、4Cr13 等；铸铁有珠光体球墨铸铁、稀土蠕墨铸铁、合金铸铁等	主要用于各类玻璃制品的模具用钢

【拓展知识】

新型模具钢材料（请扫描二维码）。

新型模具
钢材料

💡 **想一想**

1. 举例说明常见的模具用的是什么材料，并指出这些材料属于哪类模具钢。
2. 常用的模具钢有哪些？通常如何分类？

💡 **做一做**

1. 冷作模具钢是指_____模具钢。
2. 热作模具钢是指_____模具钢。

【拓展知识】

粉末冶金模具钢（请扫描二维码）。

粉末冶金
模具钢

二、模具材料的性能特点

对于模具材料的性能要求，一般是基于模具工作的复杂性、工作温度等不一致性提出来的，另外要充分考虑模具工作时需要承受的高压、冲击、振动、摩擦、弯扭、拉伸载荷等作用。

1. 模具材料的常规性能

模具材料的常规性能包括硬度、强度、韧性和塑性，见表 2-2。

表 2-2　模具材料的常规性能

性能	含义	影响因素	对模具的影响	说明
硬度	材料局部抵抗硬物压入其表面的能力称为硬度	主要取决于钢的化学成分和热处理工艺	通常硬度越高，模具的强度、抗咬合能力和耐磨性等越高，但韧性、耐疲劳性、可加工性等越低	作为成形用的模具，必须要具有足够高的硬度，才能确保模具的使用性能和寿命。冷作模具钢的硬度较高，一般为 52~60HRC；热作模具钢硬度略低，一般为 42~52HRC
强度	材料在静态载荷的作用下抵抗永久塑性变形和断裂的能力称为强度	主要取决于钢的化学成分、晶粒度、金相组织、内应力的状态等	模具材料的强度是模具在工作过程中抵抗失效的性能，是表征材料抗变形和抗断裂能力的指标	通常，冷作模具钢的强度指标是屈服强度和抗拉强度，是设计模具的重要指标。热作模具钢的强度指标是高温屈服强度，即模具在与高温的坯料接触中仍能保持足够的强度，不会发生过大的塑性变形导致失效
韧性	材料在塑性变形和断裂过程中吸收能量的能力称为韧性	主要取决于钢的化学成分、金相组织、冶金质量、内应力状态等	模具材料的韧性是模具在冲击载荷作用下对于断裂的抗断能力，反映了模具的脆断能力	作为在高硬度下工作的冷作模具钢，要求有高的冲击韧性
塑性	模具材料在外力作用下产生永久变形的特性称为塑性	主要取决于钢的化学成分、金相组织、冶金质量、内应力状态等	模具材料的塑性可用拉伸断后伸长率和断面收缩率两个指标表示	模具材料都不允许有过大的永久变形，也就是塑性要低。冷作模具钢要比热作模具钢的塑性低

2. 模具材料的特殊性能

（1）冷作模具钢的特殊性能　冷作模具在工作中往往要承受拉伸、压缩、弯曲、冲击、摩擦等机械力的作用，从而发生断裂、变形、磨损、黏合、软化等形式的失效。因此，冷作模具钢应具备抗变形、抗磨损、抗断裂、耐疲劳、抗软化及抗黏合的能力，室温下的硬度、强度、韧性等可以满足工作时的需要，其中硬度尤为重要。冷作模具钢的主要性能有以下几个方面。

1）耐磨性。模具在工作过程中，工作部分与坯料之间会产生很大的摩擦力，模具表面会划出一些微观凹凸痕迹，这些痕迹与坯料表面相互咬合而产生磨损。材料的硬度和组织是影响模具耐磨性的重要因素，因此冷作模具的硬度要求应高于工件硬度的 30%～50%，材料的组织要求是回火马氏体或下贝氏体，其上分布着细小均匀的粒状碳化物。

2）抗疲劳性。很多冷作模具是在交变载荷作用下（如冷镦、冷挤、冷冲）发生疲劳破坏的，为延长模具的寿命，需要提高模具材料的抗疲劳性。影响抗疲劳性的因素有：钢中带状和网状碳化物、粗大晶粒；模具表面的微小刀痕、凹槽及截面尺寸变化过大和表面脱碳等。

3）抗咬合性。当冲压材料与模具表面接触时，在高压摩擦下，润滑油膜被破坏，被冲压件金属"冷焊"在模具型腔表面形成金属瘤，从而在成形工件表面划出刀痕。抗咬合性就是抵抗发生"冷焊"的能力。影响抗咬合性的主要因素是成形材料的性质，如镍基合金、奥氏体不锈钢、精密合金等有较强的咬合倾向，此外模具材料及润滑条件也对其有较大的影响。

（2）热作模具钢的特殊性能

1）热稳定性和耐热性。热稳定性是指模具在高温下，材料保持其组织、性能稳定的能力，一般采用回火保温 4h，硬度降到 45HRC 时的最高加热温度来表示。对于在高温下工作的模具，要求材料具有高的硬度、强度和韧性，以及热稳定性。通过加入一些合金元素来提高钢的再结晶温度、增加钢中基体组织和碳化物的稳定性，从而提高钢的耐热性。

2）回火稳定性。钢在回火时抵抗强度、硬度下降的能力，称为回火稳定性。回火稳定性通常以回火温度曲线和硬度的关系变化曲线来表示，同样的温度变化，硬度下降速度慢则表示回火稳定性好。热作模具钢通常选用回火稳定好的钢材。

3）热疲劳强度。热作模具工作时承受着机械冲击和热冲击的交变应力作用，在反复应力作用下，模具表面会形成浅而细的网状裂纹（龟裂），称为热疲劳。产生热疲劳的原因有可能是晶粒粗大且不均匀、材料的塑性差、环境变化太大等因素。为防止热疲劳，要求模具材料具有较高的热疲劳强度。

4）高温磨损与抗氧化性　高温磨损也是热作模具钢失效的形式之一，特别是热锻模经常因为磨损而失效，因此热作模具钢要具有好的抗高温磨损性能。另外，氧化也对热作模具的使用寿命有很大的影响，因此热作模具钢应具有良好的抗氧化性。

（3）塑料模具钢的特殊性能

1）耐磨、耐蚀性。金属材料抵抗周围介质腐蚀破坏的能力称为耐蚀性。塑料制品大多采用模具压制而成，不管是热固性塑料成型还是热塑性塑料成型，压制塑料所需要的温度一般都在 200～250℃，部分塑料（如含氯、氟等元素）在压制时会析出有害气体，对型腔有着较大的腐蚀作用，这就要求模具材料有较高的耐磨、耐蚀性。钢中可以加入形成保护膜的铬、镍、铝、钛等元素，以提高材料的耐蚀性。

2）尺寸稳定性。为保证塑料制品的成型精度，模具在工作中保持尺寸的稳定性最重要，因此要求材料不但要具有一定的刚性，还要具有较小的膨胀系数和稳定的组织。

3）导热性。在注射成型时，良好的模温控制对注塑件的质量影响很大，特别是在加工半结晶性热塑性塑料时，这就要求模具材料具有良好的导热性。通常铜合金材料比合金钢导热性要好，不过硬度、强度都比较差。

4）抛光性能。塑料模对型腔内壁要求很高，应有较小的表面粗糙度值，以达到塑件表面良好的光泽度要求。因此，对模具型腔通常要进行抛光处理，使表面越光亮越好，故要求模具材料易于抛光，应选用夹杂物少、组织均匀、表面硬度高的模具材料。

> **做一做**
>
> 1. 模具材料的常规性能主要有_____、_____、_____、_____等。
> 2. 冷作模具钢的特殊性能主要有_____、_____、_____等。
> 3. 热作模具钢的特殊性能主要有_____、_____、_____等。
> 4. 塑料模具钢的特殊性能主要有_____、_____、_____、_____等。

 【知识拓展】

冶金质量（请扫描二维码）。

冶金质量

 学习评价

一、观察与评价

　　根据下表"观察点"列举的内容，进行学生自评和学生互评。"观察点"内容可视课堂实情及教学进度在教师引导下拓展。

观察点	学生自评			学生互评			教师评价		
	☺	😐	☹	☺	😐	☹	☺	😐	☹
能简述模具材料的分类									
熟悉常用模具材料的性能									
课堂综合表现									

二、反思与探究

　　从学习过程和评价结果两方面反思，分析存在的问题并寻求解决的办法。

存在的问题	解决的办法

课题二　熟悉模具材料的选用

 课题说明

　　通过对模具材料的选用原则、模具材料的发展趋势的学习，了解模具材料的选用原则，能够合理选择模具材料，了解国内外模具材料的现状及发展趋势。

 相关知识

一、模具材料的选用原则

　　1. 基本原则

模具材料选用的基本原则和其他机械零件的选材相同，即应满足使用性能、工艺性能和经济性的要求。根据这些基本原则，结合模具的使用特点，选择合适的模具材料。

（1）满足使用性能要求　模具选材应满足耐磨性、抗疲劳断裂性、耐高温性、耐疲劳性、耐蚀性等工作条件要求。

（2）满足工艺性能要求　模具的制造一般要经过锻造、切削加工、热处理等几道工序。为在保证模具制造质量的前提下降低制造成本，应选择可锻性、可加工性、淬硬性、淬透性及可磨削性良好的材料，以减小氧化、脱碳敏感性和淬火变形开裂倾向。

（3）满足经济性要求　在模具选材时，必须考虑经济性，应尽可能地降低制造成本，所以在满足使用性能、保证质量的前提下，既要考虑模具材料的价格，又要满足模具的使用需要。

2. 特殊原则

在满足以上基本原则的情况下，还要考虑一些特殊的要求，这样才能保证模具的质量和使用寿命。

（1）模具的工作条件　模具选材时应考虑模具在工作中的受力、速度、温度、腐蚀等情况，从而选择合适的材料。例如，受冲击力大的模具应选择韧性好的材料，受腐蚀严重的模具应选用耐蚀钢，作业温度比较高的模具应选用高耐回火稳定性的材料，处于反复加热和冷却状态的模具应选择具有较高的耐疲劳性的材料等。

（2）模具的失效形式　模具失效形式主要有三类，分别是磨损、断裂和塑性变形，应分析模具失效的主要原因，并根据失效分析的结果有针对性地选择模具材料。

（3）模具的结构因素　大型模具应选择淬透性好的钢材，大型热作模具选择高耐热性的材料。形状简单、公差要求不严的模具，可以选用一般高碳工具钢，因为其加工成本低；形状复杂的模具应选用淬透性好的材料，采用缓冷淬火介质，以免变形、开裂。模具的不同组件及不同部位也会影响选材，工作零件比辅助零件的性能要求高。如锻模中工作部分的硬度、耐磨性、抗热性要比燕尾部分高，燕尾部分的硬度可适当降低，以增加其韧性。

（4）加工产品的数量　加工批量大时，模具应采用高质量和性能的材料制造；加工批量小时，在保证质量的情况下可采用性能一般、加工方便、价格低的材料。

（5）模具的设计因素　加工大型、复杂模具时，可在刃部、型面部分或某些经受强烈磨损、冲击或高温的部位采用组合或镶嵌结构，或采用高性能材料；对于其他性能要求不太高的模体部位，可采用较低级材料。应用低级材料制造的模具，可用表面强化的方法在型面或局部进行离子渗入、堆焊、气相沉积或其他涂覆处理，以获得高性能的表层。

（6）模具的制造工艺因素　制造模具应根据所采用的热加工、冷加工方法和工艺，选择与其相适应的材料，以满足工艺性能要求。另外，还应兼顾工厂现有的设备和技术水平。

 想一想

选择合适的模具材料应考虑的因素有哪些？

📺 **【拓展知识】**

高速锤锻模模具材料的选择（请扫描二维码）。

高速锤锻模模具材料的选择

二、模具材料的现状及发展趋势

1. 我国模具材料的现状及发展趋势

（1）我国模具材料的现状　随着世界经济产业结构的调整，先进的制造工艺已成为我国工业的发展方向之一，制造业的基础模具工业也随之迅速发展。我国模具潜在的市场很大，近年来我国已迅速发展成为模具制造大国，在世界模具制造业产值中所占的比例逐年上升，模具材料的用量也逐年增长。工业技术不断向前发展，要求模具在更苛刻、更高速的工况条件下工作。因此，我国在模具材料的研究和发展上做出了巨大的努力，也取得了不少成果。经过几次标准修订，在 GB/T

1299—2014《工模具钢》中包含了55个钢种，基本上形成了我国特色的模具钢系列。但我国在冶炼、铸造、锻造、热处理等方面还有许多不足之处，特别是产品结构和应用方面还需努力。

（2）我国模具材料的发展趋势　针对我国模具材料生产和强化技术的现状及存在的问题，今后我国模具材料技术的发展及应用要重视以下几个方面。

1）扩大模具钢的品种规格，充分发挥现有设备，特别是新引进设备的能力，大力发展高精度、高质量模具、扁钢和中厚模具钢板的生产，至少应达到模具钢产量的3%左右。扩大精料生产，根据需要提供剥皮、冷拔、银亮钢材的生产，逐步开发经过机械加工和淬火、回火处理的模具材料和制品，提高产品的附加值。

2）完善模具材料系列，合理使用材料并结合模具工业的发展，形成我国新的模具钢系列。尤其应注意开展粉末冶金高性能模具钢的研究开发工作，以满足高性能、长寿命模具生产的需要，相应地开展模具钢强韧化机理及模具失效机理的研究工作，以指导材料研究，并相应地开展测试手段和测试技术的开发工作。

3）建成多条技术先进的模具材料生产线，有计划地建立完善的科研试制基地和技术情报中心，在全国建成各具特色的多条技术先进的模具钢生产线，采用先进的工艺装备和技术，生产高纯净度、高等向性、品种规格齐全的高精度、高质量模具钢钢材和制品，使我国模具钢的生产技术和产品质量迅速、全面地达到国际先进水平。

4）大力开拓模具钢的国外市场，充分发挥我国的资源优势，尽快研究出市场需要的高质量模具钢，以产顶进，变原料出口为模具制品出口，创造更高的经济效益和社会效益。

2. 国外模具材料的现状及发展趋势

（1）国外模具材料的现状　国外模具材料的发展趋向于高合金、高质量、优化、低级材料强化及扩充材料领域，相继出现一系列新型模具材料，模具标准钢的合金化程度也日益提高。例如，美国有15种热作模具钢合金元素含量大于5%，合金元素含量大于10%的有10种，用量约占80%。工业发达国家的冷作模具钢、热作模具钢、塑料模具钢种类比较齐全并已形成系列，如美国的冷作模具钢有O系列、A系列、D系列，热作模具钢有H系列，塑料模具钢有P系列。但常用的模具钢种比较集中，其中用量较大的有O1（CrWMnV）、V2（Cr5SMOIV）、D3（Cr12）、H13（4Cr5MoSiV1）、H11（4Cr5MoSiV）、H10（3Cr3Mo3VSi）、P20（3Cr2Mo）等。这些钢的使用性能较好并具有一定的先进性和代表性，在国际上信誉较高，已被世界各国广泛采用，形成国际通用化趋势。此外，国外相继开发的新型热作模具钢有美国的H10A，日本的YHD3、5Mn15Ni5Cr8Mo2V2等；新型冷作模具钢有美国的VascoDie（8Cr8Mo2V2Si）钢，日本的SLDB、QCM8、TCD、DC53等；塑料模具钢有日本的YAG、英国的EAB、瑞典的STAVAX-13等。

（2）国外模具材料的发展趋势　国外模具钢发展的一个特点是从分散生产走向集中，以获得数量、质量和技术上的优势。集中生产可建造技术先进的模具钢生产线，开展炉外精炼电渣重熔、连铸、精密锻造、精轧、可控气氛热处理、无损检测等技术和装备研究，从而生产出高纯净度、高稳定性的材料，如瑞典的QRO80M、QRO90等热作模具钢。日本的S-STAR、PX5及法国的SP60等塑料模具钢，均被世界各国广泛采用，形成国际上的通用化趋势。工业发达国家一般都有专业生产模具钢的工厂，其产量往往占国家模具钢产量的70%~80%，如日本的日立金属公司和大同特殊钢公司。为加强竞争力量，一些大的模具钢工厂有跨国合作的趋势，如奥地利的百乐钢厂与瑞典乌德赫姆公司合作，模具钢产量达15万t。

国外模具钢发展的另一个特点是模具钢的制品化和精品化。除增加模块、板材、扁钢外，还进行深加工，以提供高附加值的制品和精品，为此设置了配备先进设备的机加工和热处理部门。一些大型企业供应的模具钢制品，精品率已达60%左右，不仅方便了用户，加快了制模周期，企业也获得了经济效益。国外模具制造业正在向通用化、标准化、系列化、高效率、短制造周期发展，CAD和CAM的应用日益普及。为适应模具制造业发展的需要，模具材料向多品种、精细化、制品化的方向迅速发展。

想一想

列举几种国内外近些年来新开发的钢种。

 做一做

1. 我国模具材料发展应重视哪几个方面？
2. 国外模具材料发展的两个特点分别是什么？

 学习评价

一、观察与评价

根据下表"观察点"列举的内容，进行学生自评和学生互评。"观察点"内容可视课堂实情及教学进度在教师引导下拓展。

观察点	学生自评			学生互评			教师评价		
	☺	😐	☹	☺	😐	☹	☺	😐	☹
熟悉模具材料的选用原则									
了解模具材料的发展趋势									
课堂综合表现									

二、反思与探究

从学习过程和评价结果两方面反思，分析存在的问题并寻求解决的办法。

存在的问题	解决的办法

课题三　了解模具材料热处理

 课题说明

通过对模具材料常用的热处理工序、设备的学习，学会制订不同模具材料的热处理工艺，为后续学习模具零件的加工制造奠定基础。

 相关知识

模具热处理是利用加热、保温和冷却等过程来改变金属内部组织结构，从而获得所需的各种力学性能（如硬度、强度、韧性等）的工艺过程。通常，模具的使用寿命及其制品的质量在很大程度上取决于模具热处理的质量。因此，在模具制造中制订合理的热处理工艺和提高热处理技术水平极其重要。

一、模具材料常用热处理工序

模具材料常用热处理工序有正火、退火、淬火、回火、渗碳和渗氮等。

1. 正火

模具材料的正火是将模具材料加热到 $Ac_3 + (30 \sim 50℃)$、共析钢和过共析钢加热到 $AC_{cm} + (30 \sim$

50℃），保温一定时间后在空气中冷却，得到珠光体组织的热处理工艺。正火的目的是消除应力、细化晶粒、改善组织、调整硬度、便于切削加工。在模具的热处理中，正火可作为预备热处理或用来消除网状碳化物，为球化退火做准备。

2. 退火

模具材料的退火是指将模具材料放入退火炉中加热到一定温度，保温一定时间，随后缓慢冷却到常温，以获得平衡状态组织的热处理工艺。退火可分为完全退火、不完全退火、低温退火、球化退火、扩散退火、等温退火等。模具退火处理常采用完全退火和球化退火。完全退火可以消除应力、降低硬度、改善可加工性，常用于模具锻件、铸钢件或冷压件热处理。球化退火可以消除片状碳化物，使其变成球状碳化物，改善可加工性，常用于碳素工具钢及合金工具钢模具。

3. 淬火

模具材料的淬火是指将模具材料加热到临界点 Ac_3 或 Ac_1 以上某一温度，经保温一定时间后急速冷却，以获得马氏体组织的热处理工艺。模具材料淬火的目的是提高材料的性能，如强度、韧性、耐磨性、弹性等。

4. 回火

模具材料的回火是指将模具材料淬火后加热到 Ac_1 以下某一温度，保温一定时间后冷却到室温，使不稳定组织转变为较稳定组织的热处理工艺。回火的目的是消除淬火应力，调整模具的硬度。模具淬火后都必须回火。

5. 渗碳

模具材料的渗碳是指将模具材料放在含有活性碳原子的介质中，加热至一定温度，保温一定时间，使碳原子渗入模具材料表面的化学热处理工艺。渗碳可以提高零件表面的含碳量，使表面获得很高的硬度和耐磨性，而心部具有良好的韧性，在模具制造中通常用于导柱、导套的热处理。

6. 渗氮

模具材料的渗氮是指将模具材料置于含有活性氮原子的气氛中，加热至一定温度，保温一定时间，使氮原子渗入模具材料表面形成氮化物的热处理工艺。渗氮的目的是提高模具表面的硬度、耐磨性、疲劳强度及耐蚀性。渗氮常用于工作负荷不大但耐磨性要求高、耐腐蚀的模具。

 【拓展阅读】

热处理发展简介（请扫描二维码）。

热处理发展简介

二、常用模具热处理设备

常用模具热处理设备有箱式电阻炉、井式渗碳炉、井式回火炉、盐浴加热炉和真空热处理炉等，其特点及应用见表 2-3。

表 2-3 常用模具热处理设备的特点及应用

设备	外观图	特点	应用
箱式电阻炉		一种常见的电炉，是以电能为热源，通过电热元件将电能转化为热能，在炉内对金属进行加热的设备。该炉结构简单、操作方便，但由于炉膛内一般没有搅拌风扇，所以温度均匀性较差	主要用于退火、正火、要求不高的淬火及回火

（续）

设备	外观图	特点	应用
井式渗碳炉		新型节能周期作业式热处理电炉，炉温均匀、升温快、保温好、工件渗碳速度快，碳势均匀、渗层均匀。不但能保证渗碳质量，而且生产率高	主要供钢制零件进行气体渗碳
井式回火炉		装炉量多、生产率高、装出料方便，炉内装有风扇，使炉内气流循环，炉温均匀	一般用于淬火后回火
盐浴加热炉		用熔融盐液作为加热介质，将工件浸入盐液内加热的工业炉，加热速度快、炉温均匀、零件不容易脱碳、操作方便、零件热处理后变形量小	用于要求高的小型模具淬火
真空热处理炉		完全消除了加热工件表面的氧化、脱碳，可获得无变质层的清洁表面。对环境无污染，不需要进行"三废"处理，炉温精度高	适用于要求较高的模具零件的热处理

（续）

设备	外观图	特点	应用
箱式密封多用炉		设备的箱式加热炉与淬火槽及缓冷室连贯密封在一起,并通入可控制性气体。其热处理环境是密封的,气氛容易实现精确控制,工艺灵活可变	可用于模具零件的渗碳淬火、碳氮共渗、渗氮、光亮淬火等

三、冷作模具钢及其热处理

冷作模具是一类在常温状态下进行零件加工成形的模具,包括冲模、冷挤压模、冲裁模、压弯模、拉丝模等。虽然在不同类型的冷变形中,模具的服役条件有所区别,但其共同点是工作温度均不高,均承受高压力或冲击力,金属之间有摩擦力,因此对冷作模具钢的性能要求是具有较高的硬度和良好的耐磨性,还有一定的韧性,在工艺上要求淬透性好、淬火变形小。我国常用的冷作模具钢除碳素工具钢以外,主要有 9Mn2V、Cr12MoV、CrWMn、Cr12、9SiCr、W18Cr4V、7CrSiMnMoV 等,中小型模具常用碳素工具钢及低合金工具钢制造。常用冷作模具钢见表 2-4。

表 2-4 常用冷作模具钢

模具种类	钢牌号		
	简单(轻载)	重载	复杂(重载)
落料冲孔模	T10A、9Mn2V、GCr15	Cr12MoV	CrWMn、9Mn2V
冷挤压模	T10A、9Mn2V	Cr12MoV、W18Cr4V	9SiCr、Cr12MoV
冷镦模	T10A、9Mn2V	基体钢、Cr12MoV	基体钢、Cr12MoV
冲头	T10A、9Mn2V	W18Cr4V	Cr12MoV
压弯模	T10A、9Mn2V	Cr12MoV	—
拉丝模	T10A、9Mn2V	Cr12MoV	—
拔丝模	T10A、9Mn2V	Cr12MoV	—
硅钢片冲模	T10A、9Mn2V	—	Cr12、Cr12MoV

1. 冷作模具钢热处理要点

冷作模具钢的热处理主要包括退火、正火、淬火、回火、固溶处理、时效处理等,重点是要控制好热处理时加热和冷却的过程。冷作模具钢热处理要点如下:

1）很多冷作模具选用高合金钢,合金元素含量高,导热性差,为避免模具内、外温度不均匀造成变形和开裂,要进行预热或者阶梯加热,确保内、外温度均匀一致。

2）模具在热处理过程中容易氧化或脱碳,造成模具性能下降,可采用保护气氛的加热设备,如选择可控气氛炉、真空热处理炉或盐浴加热炉等加热设备。

3）模具淬火冷却介质的选择非常重要,在满足硬度、强度等要求的情况下,应选择冷却缓慢的介质,以防止其在冷却过程中变形量大或者开裂。

4）热处理后模具表面应及时清理。淬火后，由于冷却介质会在模具表面黏附氧化性物质或其他腐蚀性物质，它们在回火过程中受热，会与模具材料发生化学反应，破坏模具表面状态，影响模具的质量和精度。

2. 冷作模具钢的主要热处理工艺

（1）预备热处理　为给最终的模具热处理提供良好的组织形态和结构，消除锻造毛坯的应力和降低硬度，以利于切削加工，通常进行球化处理。另外，为了消除部分材料的网状碳化物，需要进行正火处理。

（2）去应力退火　去应力退火不改变模具材料的金相组织，目的是消除机械加工应力，减少最终热处理变形，防止淬火开裂。对于热处理后进行电火花线切割的模具材料，需要进行高温回火。

（3）淬火和回火　淬火、回火是使模具达到技术要求的重要工序，也是影响模具使用性能和寿命的关键工序。因此，要选择最佳的淬火保温温度和保温时间，选择合理的淬火介质，保证模具的硬度、强度和韧性，确保模具淬火、回火后的组织。

（4）冷处理　为稳定精密和复杂的冷作模具的尺寸，使残留奥氏体转变为马氏体组织，减少模具材料内的残留奥氏体组织，通常进行冷处理，从而达到稳定尺寸、提高模具的整体硬度和耐磨性的目的。

（5）强韧化或表面处理　为延长冷作模具的使用寿命，在热处理过程中可采用低温淬火+低温回火、高温淬火+高温回火等工艺来提高模具的强韧性，延长其使用寿命。表面处理是提高模具表面硬度、耐磨性、耐蚀性及疲劳强度的有效措施。

 想一想

冷作模具钢为什么要进行热处理？

做一做

1. 冷作模具钢的主要热处理工艺包括_____、_____、_____、_____、_____。
2. 可采用_____、_____等工艺来提高冷作模具的强韧性，延长其使用寿命。

【拓展知识】

冷作模具钢热处理实例：电机硅钢片冲裁模的热处理（请扫描二维码）。

电机硅钢片冲裁模的热处理

四、热作模具钢及其热处理

热作模具长时间在反复的急冷急热服役条件下工作，与炽热的金属毛坯等接触，在压力作用下成形，型腔温度范围为300~700℃。要确保模具正常工作，要求模具应具有较高的硬度、良好的耐磨性、耐热疲劳性及韧性等，因此热作模具应选用热导率高的中碳合金钢制造，热处理后能够在500~700℃的高温下正常服役。热作模具钢一般采用Cr12、Cr12MoV、Cr12Mo、GCr15、3Cr2W8V、5CrMnMo、W6Mo5Cr4V2、W18Cr4V等，硬度在58HRC以上。

1. 低合金、高韧性热作模具钢及其热处理（热锻模用钢）

该类热作模具钢主要用于制造受冲击载荷较大的零件，如锤锻模、平锻机锻模、大型压力机锻模等，在高温下通过冲击加压强迫金属成形的工具，锻模型腔与炽热的工件表面会产生剧烈摩擦。由于在锻造过程中，模具型腔表面与被加热到很高温度的锻坯接触，使模具表面常升温到300~400℃，有时局部可达500~600℃，并且锻模的截面较大且型腔形状复杂，因此要求模具材料的高温强度和冲击韧度好、硬度与耐磨性高、导热性及耐热疲劳性好、淬透性好、工艺性能和抗氧化性好。这类热作模具钢常用5CrNiMo、5CrMnMo、4CrMnSiMoV、5SiMnMoV、45Cr2NiMoVSi等钢。

（1）5CrNiMo 钢　该钢是 20 世纪 50 年代初应用至今的传统热作模具钢，在我国应用广泛。它以良好的综合力学性能和高的淬透性而著称，其塑性、韧性好，尺寸效应不敏感，同时具有良好的强度和高的耐磨性。但由于碳化物形成元素含量低，二次硬化效果不明显，所以热稳定性较差，热强性不高，通常在 400℃ 以下工作可保持较高的强度，超过 400℃ 时强度便急剧下降，模具升温到 550℃ 时的抗拉强度与温室下比较，下降近一半。该钢多用来制造大型、中型锻模。

1）热加工与预备热处理。5CrNiMo 钢锻后空冷即能淬硬，但容易形成白点，因此应该缓冷（砂冷或坑冷）。对于大型的锻件，为防止开裂，必须放在 600℃ 左右的热处理炉内保温一段时间，再冷却到 200℃ 以下空冷。预备热处理包括锻后普通退火、锻后等温退火、锻模翻新退火处理。

2）淬火与回火。锻模经 650℃ 温度预热后加热到 830～860℃，保温后选择油为淬火介质。通常在油中冷却至 200℃ 左右出油，如果出油温度低，容易淬裂。但此时心部未转变成马氏体，存在着的部分过冷奥氏体在回火时会转变成上贝氏体组织，使冲击韧度极低，使用寿命缩短。为延长模具的使用寿命，可采用等温淬火的方法，先将模具加热后油淬，再转入 280～300℃ 硝酸盐槽中保温 2～3h，获得"马氏体+下贝氏体+少量残留奥氏体"组织，采用中温回火后，马氏体转变成下贝氏体组织，这样模具的使用寿命会明显延长。淬火后的模具应立即移入回火炉中进行回火。5CrNiMo 钢回火温度与硬度的关系见表 2-5。热锻模的燕尾部分由于集中承受冲击载荷，要求比模体部分有更高的韧性，一般在淬火时燕尾要保护起来，使其硬度低于模体的硬度，以降低燕尾开裂失效的倾向。

表 2-5　5CrNiMo 钢回火温度与硬度的关系

回火温度/℃	淬火后	300	350	400	450	500	550	600
硬度（HRC）	57	52	50	48	45	41	38	32

（2）5CrMnMo 钢　5CrMnMo 钢与 5CrNiMo 钢均为传统的热作模具钢，考虑到我国的资源情况，为节省镍而研制成 5CrMnMo 钢，其强度略高于 5CrNiMo 钢，但用锰代替镍降低了其在常温及较高温度下的塑性和韧性，而且 5CrMnMo 钢的淬透性比 5CrNiMo 钢低，过热敏感性稍大，在高温下工作时，其耐热疲劳性也较差。5CrMnMo 钢主要用于制造要求较高强度和高耐磨性的热锻模。5CrMnMo 钢与 5CrNiMo 钢的锻造工艺参数以及热处理工艺相同。

（3）4CrMnSiMoV 钢　该钢为我国在低合金大截面热作模具钢中研制的钢种之一，是 5CrMnSiMoV 钢的改进型。其碳的质量分数降低了 0.1%，目的是在保持原有强度的基础上提高钢的韧性。该钢中不含镍，但具有较高的强度、耐磨性、冲击韧度及断裂韧性，其冲击韧度与 5CrNiMo 相近或比其稍低，而高温性能、回火稳定性、耐热疲劳性均好于 5CrNiMo 钢，主要用于大型锤锻模和水压机锻造用模。4CrMnSiMoV 钢可以代替 5CrNiMo 钢。

1）热加工与预备热处理。4CrMnSiMoV 钢坯的加热温度为 1100～1140℃，始锻温度为 1050～1100℃，终锻温度超过 850℃，锻后进行砂冷或坑冷。为防止开裂，大型锻件应在锻后放入 600℃ 的炉内，待温度均匀后，再冷却至 200℃ 以下出炉空冷。预备热处理为锻后等温退火，等温退火加热温度为 840～860℃，等温温度为 700～720℃，炉冷至 550℃ 以下出炉空冷。

2）淬火与回火。该钢的淬火温度为 870～890℃，回火根据技术要求选择合适的温度。4CrMnSiMoV 钢回火温度与硬度的关系见表 2-6。

表 2-6　4CrMnSiMoV 钢回火温度与硬度的关系

回火温度/℃	淬火后	300	400	450	500	550	600	650
硬度（HRC）	56	52	49	48	47	46	42	38

由于该钢具有回火脆性，因此回火出炉后应进行油冷，再增加一道消除应力的低温回火工序。另外，淬火、回火均不能冷却到室温，否则模具容易开裂。

2. 中耐热、高韧性热作模具钢及其热处理（热挤压模用钢）

该类热作模具钢主要用于制造热挤压模、热镦锻模、精锻模，以及锻压机、高速锤上的模具。由于长时间与被加工的金属接触，受热温度高，承受较高的应力，故这类模具钢要求具有高热稳定性，较高的高温强度、耐热疲劳性和耐磨性。中耐热、高韧性热作模具钢主要有5%的铬型热作模具钢和铬钼系热作模具钢，含有较多的铬、钼、钒等碳化物形成元素，其韧性及耐热性介于高韧性及高热强度热作模具钢之间。我国从20世纪60年代开始引进开发这类钢，用量逐渐扩大，现已成为主要的热作模具钢。目前，应用较广的有4Cr5MoSiV（H11）、4Cr5MoSiV1（H13）、4Cr5MoWVSi（H12）、4Cr5W2VSi等钢。

（1）4Cr5MoSiV钢（H11）　该钢是一种空冷硬化的热作模具钢，在中温下热强度和耐磨性都较高，韧性较好，甚至在淬火状态下也有一定的韧性，耐热疲劳性好，因此用4Cr5MoSiV钢制作高速锤锻模非常理想，有时也用作压铸模和挤压模。

1）热加工与预备热处理。4Cr5MoSiV钢碳的质量分数为0.4%，热塑性较好，始锻温度为1070～1100℃，终锻温度为850～900℃，锻后缓冷，并及时退火。预备热处理为锻后等温退火，等温退火加热温度为860～890℃，等温温度为750℃，炉冷至550℃以下出炉空冷，获得粒状珠光体组织，退火硬度为192～235HBW，最好在可控气氛炉中进行。

2）淬火与回火。该钢淬火时不需预热，可直接加热到1000～1020℃油淬或分级淬火，经540～600℃回火，模具硬度在40～50HRC范围内。4Cr5MoSiV钢回火温度与硬度的关系见表2-7。该钢在200℃以上随回火温度升高，冲击韧度下降，在500℃左右冲击韧度最低，所以应避免在500℃附近回火或进行化学热处理。

表2-7　4Cr5MoSiV钢回火温度与硬度的关系

回火温度/℃	淬火后	100	200	300	400	500	600	650
硬度（HRC）	55	55	54	53	53	52	50	43

（2）4Cr5MoSiV1钢（H13）　4Cr5MoSiV1钢是国际上广泛应用的一种空冷硬化型热作模具钢，我国已将其列为国家重点推广的钢种。4Cr5MoSiV1钢比4Cr5MoSiV钢的钒的质量分数高，一般在1%左右，热强度和热稳定性高于4Cr5MoSiV钢；具有较高的韧性和耐疲劳性，可以制作热锻模或模腔温升不超过600℃的压铸模。4Cr5MoSiV1钢的临界温度：$Ac_1=853℃$、$Ac_3=912℃$、$Ms=310℃$。

1）热加工与预备热处理。4Cr5MoSiV1钢的锻造工艺参数与4Cr5MoSiV钢相同，但考虑到其内部存在着严重的碳化物偏析，要求锻造比大于4，以破碎亚稳定的共晶碳化物。预备热处理为锻后等温退火，等温退火加热温度为860～890℃，炉冷至550℃以下出炉空冷。去应力退火的加热温度为750℃，保温后炉冷。

2）淬火与回火。4Cr5MoSiV1钢的淬火温度为1020℃，采用油淬或分级淬火，硬度为50～52HRC，经540～600℃回火，模具硬度为40～50HRC。4Cr5MoSiV1钢回火温度与硬度的关系见表2-8。

表2-8　4Cr5MoSiV1钢回火温度与硬度的关系

回火温度/℃	淬火后	200	400	500	520	580	600	650
硬度（HRC）	56	54	54	55	54	49	45	33

3. 高耐热、中韧性热作模具钢及其热处理（压铸模等用钢）

高耐热热作模具钢主要用于在较高温度下工作的热顶锻模具、热挤压模具、铜及钢铁材料制压铸模具、压力机模具等。压力铸造是在高压力下，使熔融的金属挤满型腔而压铸成形，在工作过程中模具反复与炽热金属接触，因此要求其具有较高的回火抗力及热稳定性。此类钢应用得较多、较早的有3Cr2W8V（H21）、5Cr4W5Mo2V（RM2）、5Cr4Mo3SiMnVAl（012Al）钢；试用得较好的有4Cr3MoW4VNb（GB）、6Cr4Mo3Ni2WV（CG2）、4Cr3Mo2NiVNbB（HD）、奥氏体耐热钢等。这类钢的钨、钼含量较高，在高温下有更高的强度、硬度和耐磨性，组织稳定性好，但其韧性和耐热疲劳性不及中耐热、高韧性热作模具钢。

（1）3Cr2W8V钢（H21）　3Cr2W8V钢是钨系高耐热热作模具钢的代表，其合金元素以W为主，该钢中含有较多形成碳化物的Cr、W元素，在高温下具有较高的强度、硬度，淬透性好，因为相变点高，所以耐热疲劳性好，广泛用于高承载力、高热强度和回火抗力的压铸模、热压模及成形模等。

1）热加工与预备热处理。3Cr2W8V钢坯锻造加热温度为1130~1160℃，始锻温度为1080~1120℃，终锻温度为900~850℃，锻后先在空气中冷却到约700℃，随后缓冷（砂冷或炉冷），如果再采取高温回火，则效果更佳。预备热处理一般为锻后等温退火，等温退火的加热温度为840~880℃，等温温度为720~740℃。

2）淬火与回火。为提高模具的强韧性，可以采用高温淬火加高温回火工艺，即采用1140~1150℃淬火加650~680℃回火的方式，适用于承受动载荷较小的模具。对于在动载荷下工作的小型或大型模具，可采用1050~1100℃常规淬火工艺，油淬硬度为50~54HRC，550~650℃回火2次，每次2h，回火后硬度为40~50HRC。3Cr2W8V钢回火温度与硬度的关系见表2-9。

表2-9　3Cr2W8V钢回火温度与硬度的关系

回火温度/℃	淬火后	200	500	550	600	650	670	700
硬度（HRC）	50	50	47	48	44	36	33	30

（2）5Cr4W5Mo2V钢（RM2）　5Cr4W5Mo2V钢碳的质量分数比较高（近0.5%），合金元素总的质量分数为12%，碳化物较多，以Fe_3W_3C为主，因而具有较高的硬度、耐磨性、回火抗力及热稳定性，如在硬度为40HRC时的热稳定性可达700℃。但它的碳化物分布不均匀，韧性较差。

1）热加工与预备热处理。5Cr4W5Mo2V钢坯锻造加热温度为1170~1190℃，始锻温度为1120~1150℃，终锻温度≥850℃，锻后温度在600~850℃时应快冷，以避免网状碳化物沿着晶界析出，在600℃以下时应缓冷。预备热处理一般为锻后球化退火，加热温度为870℃，等温温度为730℃，炉冷到550℃以下出炉空冷。

2）淬火及回火。5Cr4W5Mo2V钢的淬火温度为1130℃，回火温度根据技术要求来选择，5Cr4W5Mo2V钢回火温度与硬度的关系见表2-10，550℃回火时出现二次硬化峰值，700℃回火时仍保持38HRC的硬度。淬火温度超过1150℃时晶粒会明显增大，超过1200℃时显著增大。

表2-10　5Cr4W5Mo2V钢回火温度与硬度的关系

回火温度/℃	淬火后	450	500	550	620	650	680	700
硬度（HRC）	56	58	58	58	58	50	43	38

想一想

大型压力机锻模对模具材料有什么要求？

做一做

1. 5CrNiMo钢预备热处理包括_____、_____、_____等。
2. 压力机锻模是在_____、_____下服役的。

【拓展知识】

热作模具热处理实例：5CrMnMo钢制3t热锻模的热处理（请扫描二维码）。

5CrMnMo钢制3t热锻模的热处理

五、塑料模具钢及其热处理

塑料模具是用于在不超过200℃的低温加热状态下，将细粉或颗粒塑料压制成形的。塑料模具在工作过程中持续受热、受压，以及摩擦和有害气体的腐蚀，所以要求模具材料具有足够的强度、韧性、耐磨性、耐蚀性等。塑料模具的型腔比较复杂，外观与表面质量要求高，热处理时应控制和避免表面氧化脱碳。塑料模具钢范围非常广泛，但是作为塑料模具专用钢并已纳入国家标准的仅有十余种，主要为合金塑料模具钢，常用的有 SM3Cr2Mo、SM3Cr2Ni1Mo、SM1CrNi3、SM2Cr13、SM3Cr2MnNiMo 和 SMCr12Mo1V1 等钢。

> 🌸 **【小提示】**
>
> 钢牌号中的"SM"表示塑料模具钢。

纳入标准的非合金塑料模具专用钢主要有 SM45、SM50、SM55 等，其用量比较大，主要用于一般零件或次要零件上，对于中、小型且不很复杂的模具，较多采用 T10、9Mn2V、Cr2 等工具钢制造，为在热处理时尽可能地使变形量减小，使用硬度一般为 45~55HRC。对于大型塑料模具，可采用 SM4Cr5MoSiV、SM4Cr5MoSiV1 或空冷微变形钢。对压制时会析出有害气体的塑料模具，可采用 SM2Cr13、SM3Cr13、SM9Cr18 等制造。对于用 SM2Cr13、SM3Cr13 制造的模具，可在 950~1000℃ 加热淬火，在油中冷却，在 200~220℃ 回火，这样即使是大型模具，热处理后的硬度也可达到 45~50HRC。

在淬火加热时应注意保护塑料模，以防止表面氧化和脱碳。回火后，模具的工作表面要经过研磨和抛光，最好能够镀铬，以防止腐蚀、黏附，同时提高模具的耐磨性。塑料模具钢主要分为渗碳型塑料模具钢、淬硬型塑料模具钢、预硬型塑料模具钢、时效硬化型塑料模具钢。

1. 渗碳型塑料模具钢的热处理特点

1）渗碳型塑料模具钢主要用于冷挤压成形的塑料模具。为便于冷挤压成形，这类钢要求有高的塑性和低的变形抗力，所以要求含碳量较低，但为提高模具的耐磨性，这类钢在冷挤压成形后应进行渗碳、淬火、回火，使模具表面得到针状马氏体+残留奥氏体，心部组织为低碳马氏体，以保证模具表面高硬度、高耐磨性、心部有较强的韧性。

2）对于渗碳层的要求。一般渗碳层厚度在 0.8~1.6mm，渗碳层的碳的质量分数控制在 0.8%~1.0% 为最佳。

3）渗碳温度控制在 900~920℃，保温时间根据渗碳层要求确定，渗碳阶段分为强渗、扩散、降温、保温。

4）渗碳后的淬火工艺主要有直接淬火、一次淬火、二次淬火等，有的材料渗碳后残留奥氏体多，需要高温回火后再淬火，淬火后还需要进行深冷。

2. 淬硬型塑料模具钢的热处理特点

1）形状复杂的模具，粗加工后先进行热处理，再进行精加工，这样才能确保模具的精度。

2）塑料模具的型腔要求非常严格，不但要满足型腔面的表面粗糙度要求，还要通过热处理使金属内部组织达到均匀一致。此外，要求热处理过程中确保淬火型腔表面不氧化、不脱碳等，通常选择盐浴加热炉加热，也可选择带气氛保护的设备加热。

3）淬火后要及时回火，以防止淬火应力导致模具开裂，而且回火温度要高于模具的工作温度，回火时间要充分，以尽可能地消除淬火应力。

4）合金元素较多的模具钢、传热速度慢的高合金钢，以及形状复杂、截面厚度变化大的模具零件，在淬火加热过程中，为减少应力，应该有预备热处理。

3. 预硬型塑料模具钢的热处理特点

1）以预硬态供货，一般不再进行热处理，根据形状需要改锻的模具毛坯则需要进行热处理。

2）热处理采用球化退火，目的是消除毛坯锻造应力，获得分布均匀的球状珠光体组织，以降低硬度、提高塑性、改善可加工性和冷挤压成形性。

3）预硬处理工艺简单，大多采用调质处理，以得到回火索氏体组织。

4. 时效硬化型塑料模具钢的热处理特点

1) 时效硬化型塑料模具钢的热处理工艺基本工序是固溶处理和时效处理。固溶处理是将钢加热到奥氏体化状态，保温一段时间，使合金元素融入奥氏体中，再冷却，以获得马氏体组织。时效处理是将固溶处理后的模具钢置于室温或较高温度下保持适当时间，以提高其强度等力学性能。

2) 固溶处理一般在盐浴加热炉、真空热处理炉或多用炉中完成，冷却介质为油，淬透性好的可以在空气中冷却。时效处理通常选择在真空热处理炉中完成。如果在其他设备中完成，则需要在保护气氛中进行，也可采用涂料来防止其氧化脱碳。

> **想一想**
>
> 1. 结合塑料模具的工作条件，分析其性能要求和热处理注意事项。
> 2. 塑料模具钢的种类有哪些？

 【拓展知识】

塑料模具热处理实例：CrWMn 钢制模具的热处理（请扫描二维码）。

CrWMn 钢制模具的热处理

 学习评价

一、观察与评价

根据下表"观察点"列举的内容，进行学生自评和学生互评。"观察点"内容可视课堂实情及教学进度在教师引导下拓展。

观察点	学生自评			学生互评			教师评价		
	☺	😐	☹	☺	😐	☹	☺	😐	☹
熟悉模具材料常用的热处理工序和设备									
熟悉冷作模具钢及其主要热处理工艺									
了解热作模具钢及其主要热处理工艺									
课堂综合表现									

二、反思与探究

从学习过程和评价结果两方面反思，分析存在的问题并寻求解决的办法。

存在的问题	解决的办法

课题四 认识模具材料的检测

 课题说明

通过本课题的学习，了解模具常见的失效形式、模具材料及热处理后产生的缺陷原因及解决措施，熟悉模具材料检测设备及检测方法，要求学生能够简单分析模具失效的原因并提出解决措施，熟练地使用检测设备对模具材料进行检测。

 相关知识

模具在生产使用过程中，经常发生各种不同情况的失效，不仅浪费了大量的人力、物力，更是对生产进度产生了很大的影响。模具的基本失效形式有断裂、磨损、变形、腐蚀、疲劳等。模具失效的原因一般与模具的形状、结构、受热温度以及在服役过程中承受的作用力有关，需要针对不同失效原因提出具体的解决措施。模具材料检测是模具失效分析和质量控制的重要手段和方法。模具材料的检测内容主要有化学成分、金相组织等，预备热处理和最终热处理的检测内容主要有硬度、金相组织、变形量等。

一、模具的失效及影响因素

1. 模具的失效

（1）模具失效的定义　模具工作部分发生严重磨损或损坏且不能用一般的方法使其重新服役，称为模具失效。模具在工作过程中产生过量变形、断裂、表面损伤等，丧失了原有的功能，达不到预期的要求或者变得不可靠，以至于不能继续的服役等，都属于模具失效。

（2）模具失效分析的任务　通过对模具失效进行分析，找出模具失效的具体原因，并采取相应的措施加以改进，以延长模具的使用寿命。

（3）模具失效的分类　模具失效可分为过量变形失效、表面损伤失效和断裂失效。

1）过量变形失效主要包括过量弹性变形失效、过量塑性变形（如局部塌陷、局部镦粗、型腔胀大等）失效、蠕变超限等。

2）表面损伤失效主要包括表面磨损（如黏着磨损、磨料磨损、氧化磨损、疲劳磨损等）失效、表面腐蚀（如点蚀、晶间腐蚀、冲刷腐蚀、应力腐蚀等）失效、接触疲劳失效等。

3）断裂失效主要包括塑性断裂失效、脆性断裂失效、疲劳断裂失效、蠕变断裂失效、应力腐蚀断裂失效等。

2. 模具的失效原因分析

（1）磨损失效　磨损是指工作表面的物质由于表面相对运动而不断损失的现象。模具在工作中会与坯料的成形表面接触，产生相对运动，从而造成磨损。当这种磨损使模具的尺寸发生变化或使模具表面的状态发生改变，导致模具不能正常工作时，则称为磨损失效。图 2-1 所示为模具磨损失效。模具磨损失效的类型有以下几种：

1）磨粒磨损。工件表面的硬凸出物和外来硬质颗粒在加工时刮擦模具表面，引起模具表面材料脱落的现象称为磨粒磨损。影响磨粒磨损的因素主要有磨粒的形状和大小、磨粒硬度与模具材料硬度的比值、模具与工件的表面压力、工件厚度等。

磨粒的外形越尖，则磨损量越大；磨粒的尺寸越大，模具的磨损量越大，但当磨粒的尺寸达到一定数值后，磨损量则会稳定在一定的范围内；磨粒硬度与模具材料硬度的比值小于 1 时，磨损量较小，比值增加到 1 以上时，磨损量急剧增加，而后逐渐保持在一定的范围内；随着模具与工件表面压力的增加，磨损量会不断增加，当压力达到一定数值后，由于磨粒的尖角变钝面，使磨损量的增加得以减缓；工件厚度越大，磨粒嵌入工件的深度越深，对模具的磨损量越大。

2）黏着磨损。由于模具与工件表面的凸凹不平，在相对运动中造成黏着点发生断裂面，使模具材料发生剥落的现象，称为黏着磨损。影响黏着磨损的主要因素有材料性质、材料硬度、表面压力等。

选择与工件材料互溶性小的模具材料，可减少两材料之间的溶解性，降低黏着磨损量；合理选用润滑剂，形成润滑油膜，可以防止或减少两金属表面的直接接触，有效地提高其抗黏着磨损能力；采用多种表面热处理方法，改变金属摩擦表面的互溶性质和组织结构，尽量避免同种类金属相互摩擦，可降低黏着磨损。

3）疲劳磨损。在循环应力作用下，两接触面相互运动时产生的表层金属疲劳剥落的现象，称为疲劳磨损。模具在和工件的相对运动中，会承受一定的作用力，模具的表面和亚表面存在多变的接触压力和切应力，这些应力反复作用一定时间后，模具表面就会产生局部的塑性变形和冷加工硬化现象。相对薄弱的部位，会由于应力集中而形成裂纹源，并在外力的作用下扩展，当裂纹扩展到金属表面或与纵向裂纹相交时，便形成磨损剥落。影响疲劳磨损的因素主要有材料的冶金质量、材料硬度、表面粗糙度等。

① 冶金质量。钢中的气体含量，非金属夹杂物的类型、大小、形状和分布等均是影响疲劳磨损的因素。严格控制冶金质量，可以提高模具的抗磨损能力。

② 材料硬度。一般情况下硬度提高，可以增加模具表面的抗疲劳能力，但硬度过高时又会加快疲劳裂纹的扩展，加速疲劳磨损。

③ 表面粗糙度。若材料的表面粗糙，则会使接触应力作用在较小的面积上，形成很大的接触应力，加速疲劳磨损，因此，减小模具表面粗糙度值，可以提高模具的抗磨损能力。为更好地提高模具的抗疲劳能力，应选择合适的润滑剂，用以润滑模具与工件的表面，避免或减少模具与工件材料之间的直接接触，以降低接触应力，减少疲劳磨损量。

在常温状态下，通过对模具表面进行喷丸、滚压等处理，使模具的工作表面因受压变形而产生一定的残余压应力，有利于提高模具的抗疲劳磨损能力。

4）其他磨损。除上述磨损外，还有气蚀磨损、冲蚀磨损、腐蚀磨损等。

① 气蚀磨损。由于金属表面的气泡发生破裂，产生瞬间的高温和冲击，使模具表面形成微小的麻点和凹坑的现象，称为气蚀磨损。

② 冲蚀磨损。固体和液体的微小颗粒以高速冲击的形式反复落到模具表面上，使模具表面局部材料受到损失而形成麻点或凹坑的现象，称为冲蚀磨损。

③ 腐蚀磨损。在工作过程中，模具表面与其周围的环境介质发生化学或电化学反应，以及模具与工件之间的摩擦作用而引起模具表层材料脱落的现象，称为腐蚀磨损。

（2）断裂失效　模具在工作中出现较大裂纹或部分分离导致模具丧失正常服役能力的现象，称为断裂失效。模具断裂通常表现为产生局部碎块或整个模具断成几个部分。断裂是最严重的失效形式。断裂失效按照断裂的性质可以分为脆性断裂和疲劳断裂。图2-2所示为模具断裂失效。

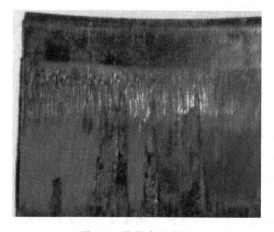

图 2-1　模具磨损失效

图 2-2　模具断裂失效

1）脆性断裂。模具在承受很大变形力或在冲击载荷的作用下，产生裂纹并迅速扩展所形成的一次性断裂，称为脆性断裂。脆性断裂的断口呈结晶状，根据裂纹扩展路径的走向不同，可将其分为沿晶断裂和穿晶断裂两种。

① 沿晶断裂是指裂纹沿晶界扩展而造成材料脆性断裂的现象。一般情况下，晶界处的键合力高于

晶内，只有在晶界被弱化时才会产生沿晶断裂。而造成晶界弱化的基本原因有两个：一是材料的性质，二是环境介质或高温的促进作用。

② 穿晶断裂是指因拉应力作用而引起的沿特定晶面的断裂，也称为解理断裂。当模具材料的韧性较差、存在表面缺陷、承受高冲击载荷时，易产生穿晶断裂。

2）疲劳断裂。疲劳断裂是指模具在较低的循环应力作用下，工作一段时间后，出现裂纹且裂纹缓慢扩展，最后发生断裂的现象。疲劳裂纹总是在应力最高、强度最弱的部位上形成，模具的疲劳裂纹萌生于外表面或次表面，但其形成方式各有不同。

① 裂纹的萌生。疲劳裂纹常常在表面不均匀处、晶界、夹杂物和第二相处形成。模具上的尺寸过渡处、加工刀痕、磨损沟痕等易产生应力集中，在循环应力作用下因产生滑移变形而出现的变形台阶，极易成为疲劳裂纹源。

② 裂纹的扩展。在循环应力的作用下，已形成的裂纹沿着主滑移面向模具材料内部扩展，与拉应力方向成约45°角。当遇到晶界时，其裂纹扩展位向会稍有改变；当扩展的裂纹遇到夹杂物或第二相这样的障碍物时，就会转向与拉应力方向相垂直的方向扩展。

3）影响模具断裂失效的因素。影响模具断裂失效的因素包括模具结构和模具材料。

① 模具结构。由于模具成形结构工艺性能的要求，在模具零件上会存在截面突变、凹槽、尖角、圆角半径等，易产生应力集中，形成裂纹并导致断裂失效。通过适当增大模具圆角半径、减小凹模深度、减少尖角数量、尽量避免截面突变等预防措施，可减少模具的断裂失效。

② 模具材料。模具材料的影响主要指冶金质量和加工质量。钢中的非金属夹杂物、中心疏松、白点成分偏析、碳化物大小、形状及分布不理想等均会降低钢的强韧性及疲劳抗力。模具材料的断裂韧性越高，越有利于防止裂纹的萌生及扩展，从而减少模具的断裂失效。

（3）塑性变形失效　模具在使用过程中由于发生塑性变形导致模具不能通过修复继续服役的现象，称为塑性变形失效。塑性变形失效主要有型腔塌陷、型孔胀大、弯曲棱角倒塌，以及冲头在服役中墩粗、纵向弯曲等，其主要原因是模具材料的强度水平不高、热处理工艺错误、未能达到模具材料的最佳强韧性、模具使用不当引起局部超载等。

3. 模具失效分析的方法和步骤

（1）现场调查与处理　进行模具失效的现场调查，主要包括对模具现场的保护、观察模具失效的形式与部位、了解生产设备的使用状况和操作工艺、询问具体操作情况和模具失效过程、统计模具的寿命、收集并保存失效的模具（保护断口）等，以供失效分析时使用。

（2）模具材料、制造工艺和工作情况调查　采用化学成分分析、力学性能测定、金相组织分析、无损探伤等方法，检查材料的化学成分和冶金质量。

通过翻阅有关技术资料和检测报告、检查同批原材料、询问生产人员等方式，详细了解模具的材质状况、锻造质量、机械加工质量、热处理和表面处理质量、装配质量等情况，核实各个环节是否符合有关标准规定以及模具设计和工艺上的技术要求。

（3）查阅模具工作、检修与维护记录　了解生产设备的工作状况及被加工坯料的实际情况，调查有关模具的使用条件和具体使用状况，了解按操作规程操作时模具有无异常现象等。

（4）模具的工作条件分析　模具的工作条件包括模具的受载状况、工作温度、环境介质、组织状态等。受载状况包括载荷性质、载荷类型、应力分布、应力集中状况、是否存在最大应力以及最大应力的大小及分布等；模具的工作温度包括工作温度的高低、工作温度的变化幅度、热应力的大小等；环境介质包括介质的种类、含量、均匀性以及是否带有腐蚀性等；组织状态包括模具的组织类型、组织的稳定性、组织应力的大小与分布等。

（5）模具失效的综合分析　综合分析是对失效的模具进行损伤处的外观分析、断口分析、金相分析、无损探伤等，了解模具损伤的种类，寻找模具损伤的根源，观察损伤部位的表面形貌和几何形状、断口的特征、模具的内部缺陷、金相组织的组成及特征，结合各部分的分析结果，综合判断模具的失效原因以及影响模具失效过程的各种因素。模具失效的原因一般有模具的工作环境、模具质量、操作人员的水平和经验、生产管理制度等，其中最主要的是模具质量。在分析模具失效原因时，应将重点放在主要影响模具质量的制造过程方面。在制造过程方面，模具失效的原因主要有模具材料的选择不当与冶金质量存在问题、模具结构设计的不合理、毛坯锻造质量差、存在机械加工缺陷、热处理工艺选择不当、模具装配精度不高和维护不良等。

（6）提出防护措施　通过对失效的模具进行综合分析，找出引起模具失效的原因，有针对性地提出防护措施，避免或减少该种失效的重复发生。但是，同一模具可能有不同的损伤出现，而最终先导致模具失效的形式可能只是其中的一种。当采取相应的措施防止了一种形式的失效后，其他失效形式又可能成为主要的失效形式，还需要继续采取另外的措施去解决新出现的失效问题，直到获得满意的结果。

【小提示】

在分析模具失效的原因并提出防护措施时应考虑的几个方面：
1）合理选择模具材料。
2）合理设计模具结构。
3）保证加工和装配质量。
4）加强模具的质量控制。
5）进行模具的表面强化。
6）合理地使用、维护和保养模具。

想一想

1. 模具的失效原因有哪些？
2. 在分析模具失效的原因并提出防护措施时应考虑哪几个方面？

 【知识拓展】

模具失效分析案例：SLD钢制模具开裂失效分析（请扫描二维码）。

SLD钢制模具开裂失效分析

二、模具材料的检测

1. 模具材料的检测内容

模具材料检测须依据国家标准、行业标准和企业内控标准的规定程序和项目，按照模具的工艺文件或技术标准的要求进行严格的检测。模具的热处理质量检验是模具材料检测的重要环节，对于批量作业的模具应该按工艺文件规定进行首检，当模具的硬度、金相组织、变形量、抗拉强度、冲击韧性等检测合格后才能进行批量生产。通常，模具的检测主要包括外观检查、低倍检测、成分检测、硬度检测、变形量检测和金相组织检测等。

（1）外观检查　检查模具材料的型腔和工作部位，不允许有肉眼可见的裂纹、深的划痕，表面不得有明显的磕碰伤，化学热处理后无表面剥落，砂光后的工作面严禁有腐蚀现象。

（2）低倍检测　低倍检测是在低倍状态下观察钢的宏观组织形貌，主要检测原材料的疏松、偏析、缩孔、夹杂物、折叠等缺陷，常用于产品验收、新品试制、工艺调整与控制等。常用的腐蚀方法主要有三种：热酸浸蚀、冷酸浸蚀和电解浸蚀。

（3）成分检测　成分检测是对模具材料的组成元素进行分析测定，是模具材料检测的关键部分。只有通过对材料成分的检测，了解模具材料的性能和基本特性，才能对模具进行热处理等，以及安全合理地应用模具材料。常用的成分检测方法主要有化学分析法、光谱分析法、火花鉴定法等。

（4）硬度检测　硬度是模具材料和成品模具的重要性能指标，硬度检测是模具材料热处理质量检测最常用的方法之一,可以反映采用的热处理工艺、组织结构之间的关系,是评估模具耐磨性好坏的主要依据。模具热处理后应全部进行硬度检测。冲裁模和冲模的硬度检测部位应在离刃口 5mm 内进行,硬度必须达到要求,不得带有软点软带,冷锻、冷挤压、弯曲及拉深类模具等主要受力部位应符合技术要求。

（5）变形量检测　变形量检测通常针对的是热处理后的模具,其检测方法是用刀口尺或平尺检测模具模面的平面度或平行度,必要时应用塞尺检测,通常规定其变形量应小于磨削余量的 $1/3 \sim 1/2$。

（6）金相组织检测　金相组织检测就是通过模具材料的金相组织形态判断该模具材料是否符合使用性能要求。金相组织检测通常是检测原材料的冶金质量、正火后的珠光体组织、淬火后的马氏体、碳化物等。通过金相组织检测对生产过程进行质量控制,检验产品的质量,是失效分析的重要手段。

2. 模具材料的检测设备

模具材料的检测设备包括化学元素检测设备、硬度检测设备、金相组织检测设备和抗拉强度检测设备,各检测设备的特点及应用见表 2-11。

表 2-11　模具材料检测设备的特点及应用

检测设备			图示	特点及应用
化学元素检测设备	光谱分析仪	直读式光谱分析仪		可以一次分析多种元素,精度高,分析速度相对较快。该设备的缺点是价格偏高,不是原始方法,不能作为仲裁分析方法
		便携式光谱分析仪		现场检测,快速无损,可大大提高效率;分析速度快,仅几秒就可显示分析结果;体积小、重量轻,携带方便
	分光光度计		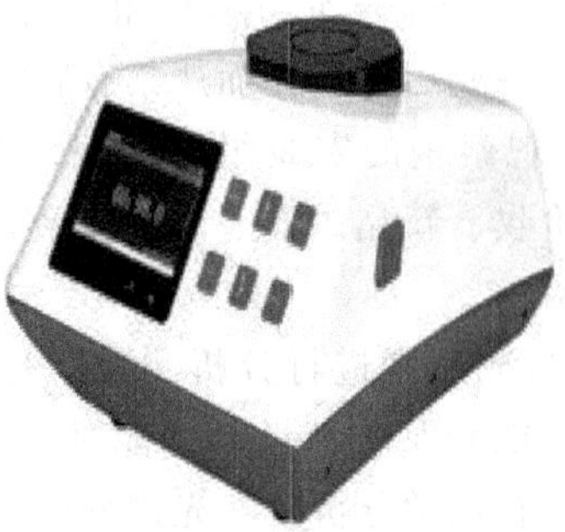	该设备的优点是检测波长选择方便,价格不高。缺点是不能直接显示检测结果(需转换);没有曲线建立和调用功能,每次检测前都需要重新校准不同的元素;无法满足企业在线检测分析的需要

（续）

检测设备		图示	特点及应用
化学元素检测设备	比色元素分析仪	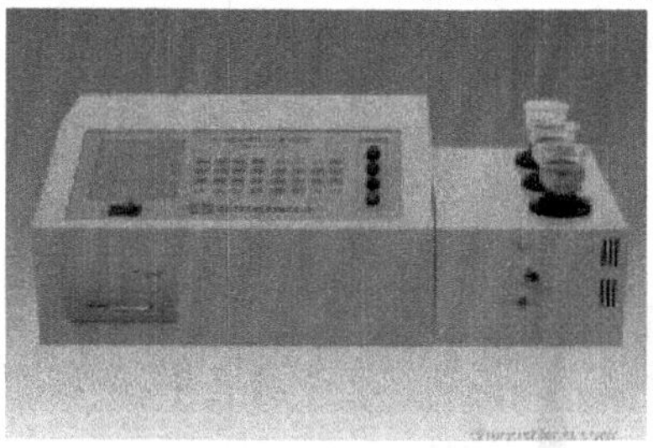	该设备的优点是使用方便，价格不高，对操作人员的化学分析基础知识要求不高；缺点是无法保证分析检测的精度
硬度检测设备	洛氏硬度计		该设备通常用于检测模具材料淬火、回火后的硬度，表面淬火、回火后的硬度，以及渗碳淬火、回火后的硬度等。通过选用不同的压头和载荷，洛氏硬度计既可检测硬度很低的有色金属及合金的硬度，也可检测硬度很高的硬质合金的硬度，应用范围非常广泛
	布氏硬度计	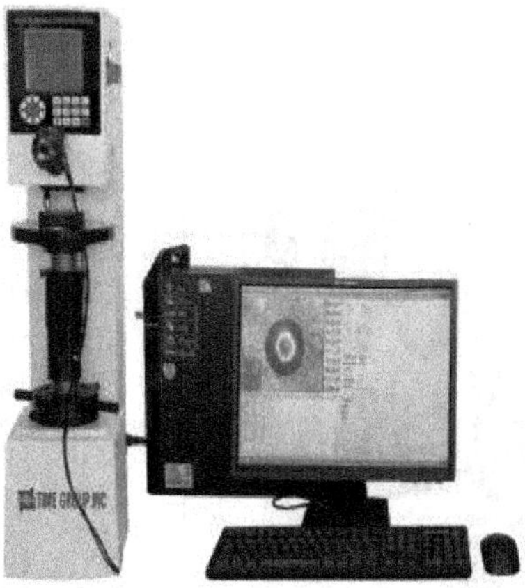	该设备通常用于检测原材料和铸、锻件的硬度。布氏硬度适用于衡量铸铁、非铁金属及其合金、各种退火及调质钢的硬度。布氏硬度试验是所有硬度试验中压痕最大的一种试验法，能反映材料的综合性能，不受试样组织偏析及呈均匀分布的影响，是一种精度较高的硬度试验法
	维氏硬度计	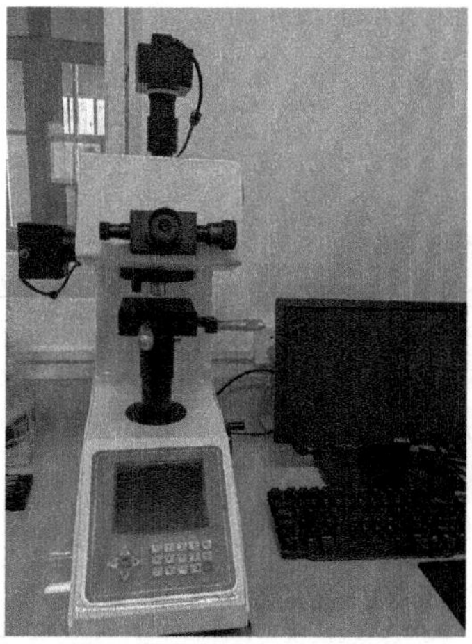	该设备主要用来检测表面的硬化层和化学热处理（如渗氮和碳氮共渗）渗层的硬度和深度等，由于显微维氏硬度检测时的载荷和压痕较小，因此制备试样时需进行磨制和抛光，检测时需采用夹具夹持

（续）

检测设备		图示	特点及应用
硬度检测设备	里氏硬度计		该设备具有操作方便、携带方便的特点,适用于各种大型、重型工件的硬度检测
金相组织检测设备	光学显微镜		该设备是材料检测必备的仪器,利用光学显微镜可以对各种金属及合金材料的组织结构、铸件质量及热处理后的相位组织进行分析研究。光学显微镜易于操作、视场较大、价格相对偏低,是日常工作中最常使用的仪器
	扫描电子显微镜	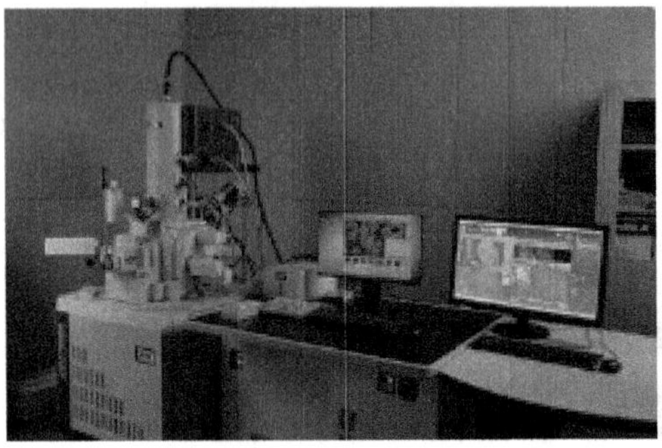	该设备最基本的应用是对各种固体样品表面进行高分辨率形貌观察,可以是一个样品的表面,也可以是一个切开的面,或是一个断面。它可以直接看到原始的或磨损的表面
	便携式显微镜	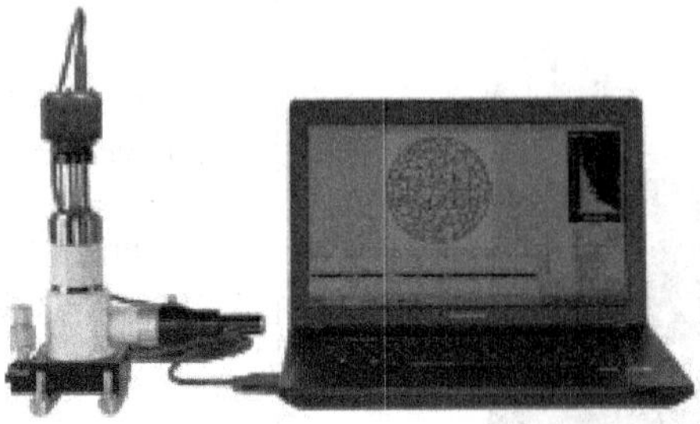	该设备是一种小巧、便携的微型显微镜产品。相对于传统光学显微镜,它可以让检测工作现场化、高效化

（续）

检测设备	图示	特点及应用
抗拉强度检测设备 拉伸试验机	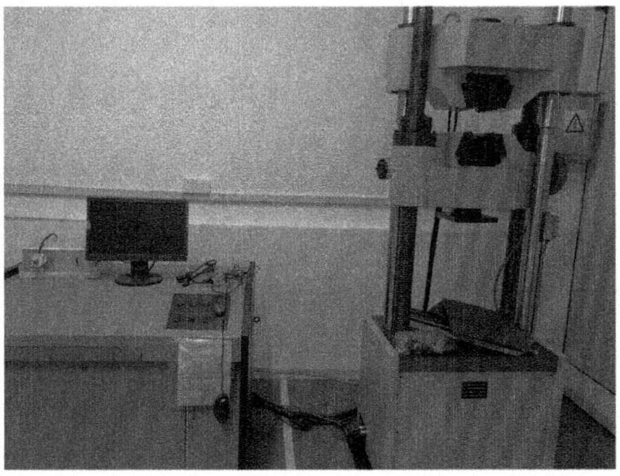	该设备可以进行拉伸、压缩、剪切、弯曲等试验。通过试验，可以测定材料的弹性变形、塑性变形和断裂过程中最基本的力学性能指标，为工程设计提供重要依据

 想一想

模具材料的检测主要包括哪些内容？

 【知识拓展】

显微维氏硬度计的操作（请扫描二维码）。

 学习评价

显微维氏硬度计的操作

一、观察与评价

根据下表"观察点"列举的内容，进行学生自评和学生互评。"观察点"内容可视课堂实情及教学进度在教师引导下拓展。

观察点	学生自评			学生互评			教师评价		
	 ☺	 😐	 ☹	 ☺	 😐	 ☹	 ☺	 😐	 ☹
了解模具失效的形式与原因									
熟悉模具失效分析的方法和步骤									
了解模具材料检测的设备及检测方法									
课堂综合表现									

二、反思与探究

从学习过程和评价结果两方面反思，分析存在的问题并寻求解决的办法。

存在的问题	解决的办法

单元检测

一、填空题

1. 模具零件的预备热处理包括正火、退火等工艺方法，最终热处理主要有_____和_____。
2. 冷作模具钢是指_____模具钢。
3. 热作模具钢是指_____模具钢。
4. 模具材料选择的总体原则应满足_____、_____、_____等要求。
5. 为保证模具的使用性能，渗碳型塑料模具钢的热处理方式为_____、_____和_____。
6. _____称为模具失效。
7. 模具材料的常规性能主要有_____、_____、_____、_____等。
8. 冷作模具钢的特殊性能主要有_____、_____、_____等。
9. 热作模具钢的特殊性能主要有_____、_____、_____、_____等。
10. 塑料模具钢的特殊性能主要有_____、_____、_____、_____等。

二、简答题

1. 常用的模具钢有哪些？通常如何分类？

2. 我国模具材料发展应重视哪几个方面？

3. 选择合适的模具材料要考虑的因素有哪些？

4. 模具材料的检测主要包括哪些内容？

5. 模具的失效形式有哪些？

6. 模具的失效原因有哪些？

7. 分析模具失效原因并提出防护措施时应考虑哪几个方面？

8. 模具钢的冶金质量主要包括哪几个方面？

单元三

模具成形零件制造技术

→ → → → → → →
→ → → → → → →
→ → → → → →

单元说明

　　通过本单元的学习，在掌握模具成形零件的技术要求和加工方法的基础上，能够制订模具成形零件加工工艺方案和热处理工艺方案。

　　在本单元的教学过程中，要通过合作企业，校内实训基地等，充分开发利用与模具成形零件加工制造相关的学习资源，给学生提供丰富的实践机会，使学生对模具零件有感性的认识。模具成形零件的精度直接决定着利用模具成形的工件的精度，所以更要培养学生认真负责的工作态度和严谨细致的工作作风，强调精益求精的工匠精神。

单元目标

素养目标

　　1. 培养学生独立思考、自主学习、不断探索的习惯。

　　2. 培养学生诚信、敬业、科学、严谨的工作态度。

　　3. 培养学生的沟通能力、团队协作意识、职业道德等基本素质。

知识目标

　　1. 熟悉模具零件的分类、模具成形零件的技术要求及加工方法。

　　2. 熟悉模具成形零件加工工艺方案和热处理工艺方案。

　　3. 掌握典型模具成形零件加工工艺过程的设计方法。

能力目标

　　1. 认识各种模具零件，了解其在模具中的作用。

　　2. 能正确选择典型模具成形零件的加工方法。

　　3. 能完成典型模具成形零件加工工艺过程的设计。

课题一　熟悉模具成形零件及制造技术

 课题说明

通过本课题的学习，能认识各种模具零件，了解其在模具中的作用；在掌握模具成形零件的技术要求的基础上，熟悉模具成形零件的常用加工方法，培养学生独立思考、自主学习、不断探索的习惯，诚信、敬业、科学、严谨的工作态度。

 相关知识

一、模具零件的分类

从加工角度讲，模具零件可分为标准件和非标准件两类。其中，标准件可以直接采购到，而非标准件是需要模具厂自行加工制造的。

1. 标准件

标准件是根据国家标准或行业标准进行规模化制造和销售的零配件，可分为通用标准件和模具标准件两类。

（1）通用标准件　在模具中，较为常用的通用标准件包括螺钉、螺母等螺纹紧固件以及齿轮、齿条、键、销、轴承、弹簧、密封条和水嘴等，如图 3-1 所示。通用标准件可以在绝大多数标准件公司或商店采购到。

图 3-1　通用标准件

（2）模具标准件　模具标准件是模具的重要组成部分，是缩短模具设计与制造周期、降低模具成本、提高模具质量的重要保证。模具标准件一般需要到专门经营模具标准件的公司或商店才能采购到。

目前，我国的模具标准件生产厂家有很多，执行的标准各不相同。在我国国家标准中，冲模标准件包括各种模架、上模座、下模座、凸模垫板、凸模固定板、弹压导板、导料板、承料板、凹模、垫板及模柄、凸模、导套、导柱、导正销、侧刃、挡料装置和弹顶装置等，如图 3-2 所示。

注射模标准件包括各类模架、模板、垫块及定位圈、浇口套、拉杆、导柱、导套、复位杆、支承柱、推杆和推管等，如图 3-3 所示。

2. 非标准件

非标准件是根据模具的实际需要自行设计并加工的零件。

（1）冲模非标准件　冲模非标准件可分为工艺零件和结构零件两类，如图 3-4 所示。

图 3-2 冲模标准件

图 3-3 注射模标准件

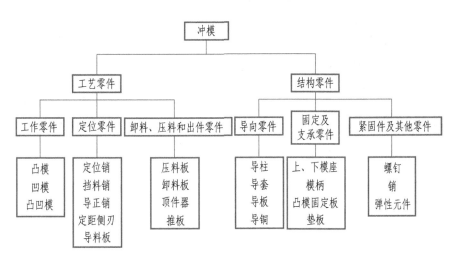

图 3-4 冲模非标准件的分类

1）工艺零件是指直接参与完成冲压工艺过程，与被冲压材料直接发生作用的零件，包括凸模、凹模等直接对板料、毛坯进行冲压加工，保证制件成形的工作零件；定位销等保证材料、毛坯或工序件在冲压时具有正确相对位置的定位零件；卸料板等起压料作用并将制件或废料从模具中顶出或卸出的卸料、压料和出件零件等。

2）结构零件是指不直接参与完成冲压工艺过程，与被冲材料不直接发生作用，只对模具正常工作起保证作用的零件，包括需要自行加工的导柱、导套等用于保证上下模相对位置，确定模具运动导向精度的导向零件；垫板、凸模固定板、上模座和下模座等将模具中各类零件固定于一定部位的固定及支承零件；螺钉、销等紧固件及其他零件。

（2）注射模非标准件　注射模非标准件可分为成形零件和非成形零件两类。

1）成形零件是模具中最重要的工作零件，用于成形制件的内、外表面，其加工质量直接影响最终产品的形状、尺寸及模具的使用寿命。成形零件应具有足够的强度、刚度、硬度、耐磨性及适当的表面粗糙度，通常包括凸模、凹模、型腔、型芯、镶件和滑块等，如图 3-5 所示。

2）非成形零件主要是指各种模板类零件，如定模座板、支承板、垫块、推杆固定板、推板和动模座板等，不起成形作用的定模板和动模板也属于非成形零件，如图 3-6 所示。

图 3-5　成形零件　　　　　　　　　　　　　图 3-6　非成形零件

例 3-1　以图 3-7 所示的落料冲裁模结构图来说明冲模零件组成及其作用。

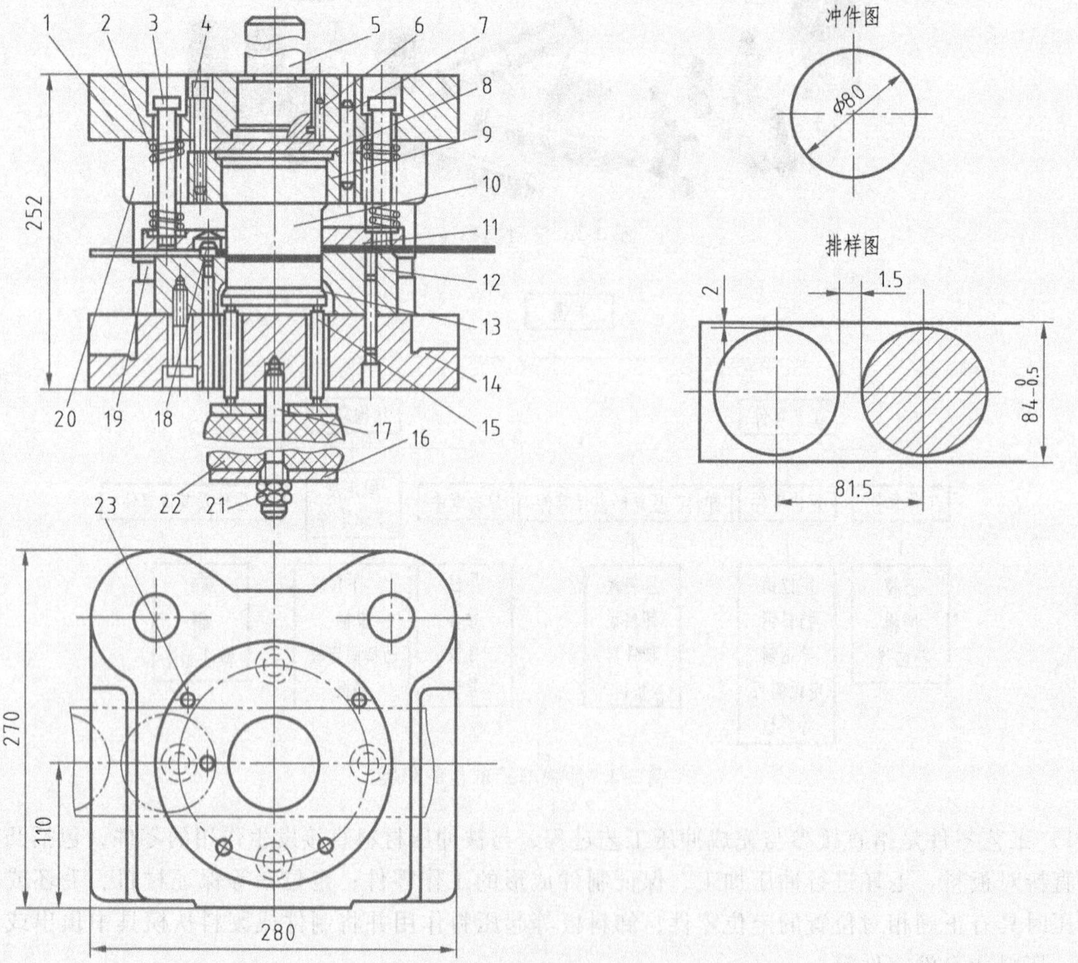

图 3-7　落料冲裁模结构图

1—上模座　2—卸料弹簧　3—卸料螺钉　4—螺钉　5—模柄　6—防转销　7—销　8—垫板
9—凸模固定板　10—落料凸模　11—卸料板　12—落料凹模　13—顶件块　14—下模座　15—顶杆
16—托板　17—螺栓　18—固定挡料销　19—导柱　20—导套　21—螺母　22—橡胶　23—导料销

（1）工作零件　该类零件直接对零件进行加工，并完成板料的分离或塑性变形，如落料凸模10、落料凹模12。工作零件是冲模最重要的零件。

（2）定位零件　该类零件是确定条料或毛坯在冲模中正确位置的零件，如固定挡料销18、导料销23。

（3）卸料、压料和出件零件　该类零件将卡箍在凸模上或卡在凹模内的废料或冲件卸下、推出或顶出，以保证冲压工作能继续进行。如由卸料弹簧2、卸料螺钉3、卸料板11组成的弹性卸料板，用于卸下卡箍在凸模上的废料；由顶杆15、托板16、螺栓17、螺母21、橡胶22组成的出件装置，用于将落料件顶出。

（4）导向零件　该类零件是用以确定上、下模之间的相对位置，保证运动导向精度的零件，如导柱19、导套20。

（5）固定及支承零件　该类零件是将上述各类零件固定在上、下模上以及将上、下模连接在压力机上的零件，如上模座1、凸模固定板9、模柄5、垫板8、下模座14。其中，模柄5用于将上模与压力机滑块相连接。这些零件是冲模的基础零件。

（6）紧固件及其他零件　如螺钉4、防转销6、销7、螺栓17。

图3-8所示为冲压模具零件。

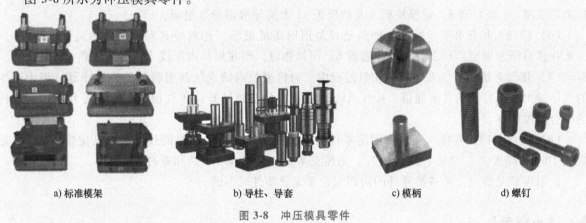

a) 标准模架　　　b) 导柱、导套　　　c) 模柄　　　d) 螺钉

图3-8　冲压模具零件

例3-2　以图3-9所示的单分型面注射模结构图来说明注射模的零件组成及其作用。

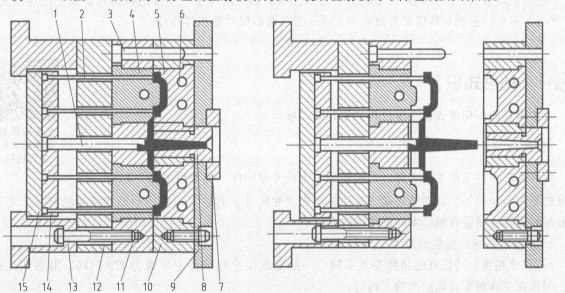

图3-9　单分型面注射模结构图

1—拉料杆　2—推杆　3—导柱　4—凸模　5—凹模　6—冷却通道　7—定位圈　8—浇口套　9—定模座板　10—定模板　11—动模板　12—支承板　13—动模支架　14—推杆固定板　15—推板

注射模由动模和定模两部分组成，动模安装在注塑机的移动模板上，定模安装在注塑机的固定模板上。注射成型时，动模与定模闭合构成浇注系统和型腔。开模时，动模与定模分离，取出塑料制品。根据模具中各零部件所起的作用，一般注射模又可细分为以下基本组成部分：

（1）成形部分　成形零件是直接与塑料接触，并决定塑件形状和尺寸精度的零件，即构成型腔的零件，如凸模 4、凹模 5 等，是模具的主要零件。凸模（型芯）形成塑件的内表面形状，凹模（型腔）形成塑件的外表面形状，合模后凸模和凹模便组合成了模具的型腔。

（2）浇注系统　浇注系统将熔融塑料由注塑机喷嘴引向型腔的通道。通常，浇注系统由主流道、分流道、浇口和冷料穴组成，起到输送管道的作用，如浇口套 8。

（3）导向机构　导向机构通常由导柱和导套（或导向孔）组成。对多腔或较大型注射模，其推出机构也设置有导向零件，以避免推板运动时发生偏移，造成推杆的弯曲和折断或顶坏塑件。

（4）推出机构　推出机构指在开模过程中将制件及流道凝料从成形零件及流道中推出或拉出的零部件，由推杆 2、拉料杆 1、推杆固定板 14 和推板 15 等组成。

（5）侧向分型抽芯机构　当塑件上有侧孔或侧凹时，开模推出塑件以前，必须先进行侧向分型，将侧型芯从塑件中抽出，才能顺利脱模，这个动作过程是由分型抽芯机构实现的。分型抽芯机构由定位圈 7、浇口套 8、定模座板 9 及动模板 11 上的导滑部分等组成。

（6）冷却与加热装置　冷却与加热装置是用以满足成形工艺对模具温度要求的装置。冷却时，一般在模具型腔或型芯周围开设冷却通道 6；而加热时，则在模具内部或周围安装加热元件。

（7）排气系统　排气系统指在注射过程中，为将型腔内的空气及塑料在受热和冷凝过程中产生的气体排出去而开设的气流通道。排气系统通常是在分型面处开设排气槽，有时也可利用活动零件的配合间隙排气。

（8）支承与固定零件　支承与固定零件主要起装配、定位和连接的作用，包括定模座板 9、定模板 10、动模板 11、垫块、支承板 12、动模支架 13、定位圈 7、销和螺钉等。

注射模就是依靠上述各类零件的协调配合来完成塑件成型的。

【小提示】

并不是所有的注射模都具备上述八个部分，但型芯、浇注系统、推出机构和必要的固定与支承零件必不可少。各种塑料模都可以由与上述一些功能相似的零部件组成。

【拓展知识】

各类模具的结构组成及工作过程（请扫描二维码）。

各类模具的结构组成及工作过程

二、模具成形零件的技术要求

模具成形零件又称工作零件，是模具的主体及关键零件，如冲模的凸、凹模，型腔模的型芯与型腔等。其功能是赋予制件一定形状和尺寸，其加工精度的高低和质量的好坏，直接影响制品的质量、精度和模具本身的使用寿命。

1. 冲模成形零件的技术要求

1）尺寸精度。冲压件的精度要求不同，一般要求尺寸标准公差等级为 IT9～IT6，但必须保证凸模、凹模在工作时配合间隙准确、均匀。

2）几何精度。零件两侧面应平行或稍有斜度（有一定的冲裁后角），但不能有反向锥度；刃口端面应与冲裁方向垂直；圆形凸模工作部分应与装配部分同轴。

3）标准化、互换性要求。尽量选取标准模架、标准零件，以便于模具的快速更换。

4）表面粗糙度。刃口部分的表面粗糙度值一般为 $Ra0.4\mu m$，装配部分的表面粗糙度值一般为 $Ra0.8\mu m$。

5）硬度。凸凹模是冲模的关键零件，应具有足够的刚度和强度。凸模的热处理硬度一般为 58～62HRC，凹模的热处理硬度一般为 60～64HRC。

2. 塑料模型腔、型芯的技术要求与制造特点

1）大部分塑料模的型腔和型芯均由形状复杂的曲面或曲面与其他表面组合而成，特别是型腔多为盲孔型成形表面，因此一般都采用数控加工、电火花成形加工等方法进行加工。

2）塑料模的尺寸精度要求较高，制造公差小（成形零件的尺寸标准公差一般为 IT8～IT9，精密成形模具的尺寸标准公差为 IT5～IT6，配合部分的尺寸标准公差为 IT7～IT8），制造困难。

3）成形零件的表面质量要求很高，型腔和型芯表面的表面粗糙度值一般为 $Ra0.2～0.1\mu m$，有镜面要求的成形零件，其表面粗糙度值要求达到 $Ra0.05\mu m$ 以上，因而，塑料模的型腔和型芯表面除了进行磨削加工，还需要进行人工研磨、抛光，甚至进行镀层处理。为提高型腔模具型芯或型腔表面的耐磨性、耐蚀性以及延长模具的使用寿命，必须对塑料模成形零件进行必要的热处理。

 【拓展知识】

各类模具成形零件的工作条件及主要技术要求（请扫描二维码）。

各类模具成形零件的工作条件及主要技术要求

三、模具成形零件的加工方法

1. 成形零件加工方法的确定原则

成形零件是模具中的关键零件，在保证尺寸、几何精度及表面质量的前提下，应以工时最短、成本最低为目的来确定加工方法。为达到此目的，必须对成形零件的结构特点、加工工艺、材质等进行深入分析，根据各成形零件的具体情况，确定恰当的加工方法。例如：粗加工时，多采用高速、大切削量加工，以节约工时，加快进度；回转体类工件多采用高速车削；箱体类工件多采用高速铣削加工；小孔的粗加工多采用钻削，精加工多采用铰削，大孔则多采用镗削加工。热处理后的精加工多采用磨削加工，如采用平面精密磨床、内圆、外圆磨床，工具磨床，以及成形磨床等进行加工。不规则的异形面也可以采用电化学、超声波等特种加工方法。形状较简单且不很深的多型腔可考虑用冷挤压成形或压印修磨加工；深腔、不规则的异形盲孔可采用电火花加工；有镜面要求的凹腔可采用混粉电火花加工技术；通孔采用电火花线切割加工；不规则的异形镶拼组合型腔，可采用电火花线切割加工与磨削加工组合的方法，也可用慢走丝镜面加工技术成形，或用数控铣床或加工中心成形后，再用特种加工方法抛光，以加快速度，保证质量；0.3mm 以下的深腔微型孔，则可采用激光加工完成。

提高加工速度，保证加工质量，不仅要选择恰当的加工方法，还应选择恰当的材料。例如，有镜面要求的塑料模成形零件，可选用 20CrNi3AlMnMo（SM2）、1Ni3Mn2CuA1Mo（PMS）两种时效硬化型塑料模具钢，在预硬化后进行时效硬化（精加工前），硬度可达 40～45HRC，易于加工（精车、铣削均可）。还有马氏体时效钢 06Ni6CrMoVTiAl（06Ni）等都易于加工，精加工后在 480～520℃进行时效处理，硬度可达 50～57HRC，适于制造高精度中、小型成形零件，并可做镜面抛光。

2. 加工顺序的划分

零件表面的加工方法确定之后，就要安排加工的先后顺序，同时还要安排热处理、检验等其他工序在工艺过程中的位置。零件加工顺序安排是否合理，对加工质量、生产率和经济性等有较大的影响。

（1）划分加工顺序的原则 模具零件加工时，往往不是依次加工各个表面，而是将各表面的粗、精加工分开进行。为此，一般将整个工艺过程划分为几个加工阶段，这就是在安排加工顺序时所遵循的工艺规程划分阶段的原则。

1）粗加工阶段以高速大切削量切去零件毛坯的大部分切削余量，使工件尺寸接近于成品，只留较少的余量作为半精加工或精加工的加工余量。粗加工的加工余量为 $1.6 \sim 2\text{mm}$。

2）半精加工阶段用于消除粗加工留下的误差，使工件达到接近于精加工要求的精度，仅留少许加工余量，以进一步提高加工精度。半精加工的加工余量为 $0.8 \sim 1\text{mm}$。

3）精加工阶段对半精加工留下的少许加工余量进行加工，以完全达到图样规定的零件尺寸精度、位置精度和表面粗糙度要求。精加工的加工余量为 $0.5 \sim 0.8\text{mm}$。

对于表面粗糙度值要求 $\leqslant Ra0.4\mu\text{m}$ 的成形零件，应进行光整加工，即镜面抛光。光整加工只用于减小成形面的表面粗糙度，不用于修正几何形状和相互位置精度。

（2）划分加工顺序的原因　划分加工顺序的原因是能够合理使用设备，发挥各设备的特点。粗加工时采用精度低、功率大、刚度高、效率高的机床，可实现大切削量的高速加工，提高生产率，缩短加工时间。

粗、精加工分开的原因是，可将粗加工中产生的误差、变形等，在半精或精加工阶段去除，从而达到所需的精度要求。

划分加工顺序便于合理安排热处理工序。粗加工后进行调质处理或时效处理，用以消除内应力，利于精加工后精度的稳定。淬火等热处理工序是保证零件性能必不可少的工序，应安排在半精加工后进行，以便在精加工中将热处理过程中产生的少许变形连同预留的精加工余量一起去除，从而达到产品精度要求。

【小提示】

毛坯中残存的缺陷，如暗伤、裂痕、夹杂等，能在粗加工中及早发现并处理，以减少损失。但存在下述情况之一的零件不宜进行分段加工，而应一次找正定位后完成所有加工面的粗、精加工。

1）刚度好、配合精度（尤其是位置精度）要求高的零件。

2）刚度好但精度要求较低的零件，以及刚度好的大型、重型零件，均不必分为粗加工、半精加工和精加工阶段，以减少工序间的转换及装夹次数，降低成本。尤其是大型（重型）件，装夹和工序间的传送吊运均不方便，应尽量通过一次装夹定位完成全部或大部分表面的加工，但仍必须以保证零件的加工精度要求为前提。

3. 加工顺序的确定原则

合理确定加工顺序对保证工件质量、提高工效、降低制造成本具有至关重要的作用。

（1）加工工序的确定应遵循下述原则

1）先粗后精的加工原则。粗加工要求加工精度不高，而且工件的刚度比精加工时大，可进行高速、大切削用量加工。即使会产生一些变形，也可在半精加工或精加工时去除，仍可保证工件的精度要求，还可以大大提高生产率。

2）先加工基准面后加工其余面的原则。为使后序加工的各面有良好的定位基准，应先确定并加工基准面，从而减小定位误差，以提高定位和加工精度。

3）先加工主要面后加工次要面的原则。主要面即基准面，定位面，主要工作面，导柱、导套的内、外圆表面，模板的分型面，以及与其他零件有配合要求的配合面等。

4）先加工划线表面（平面）后加工孔的原则。

（2）热处理工序应遵循的原则

1）退火、回火、调质与时效处理应在粗加工后进行，以消除粗加工产生的内应力。

2）淬火或渗碳淬火应在半精加工后进行，淬火和渗碳淬火所起的变形可在精加工中去除。

3）渗氮和碳氮共渗等工序也应在半精加工后进行。这是因为渗氮和碳氮共渗时温度低、变形小，精加工时，可将变形去除。另外，渗氮和碳氮共渗的深度浅，只能进行精加工。

（3）辅助工序及其应遵循的原则　辅助工序包括检验、清洗整理（去毛刺）和涂覆等，其中检验工序为辅助工序中的主要工序，应遵循如下原则：

1）应在粗加工及半精加工之后，精加工之前进行检验。不合格的工件不得进入下一工序。

2）重要工序加工前后应进行检验。

3）热处理前应进行检验。

4）特种性能检验（如磁力探伤）前应进行检验。

5）工件从某一车间转送另一车间前后应进行检验。

6）完成全部加工，送装配前或入库（成品库）前应对尺寸精度、几何精度、表面质量以及技术要求等进行全面检验。不符合图样要求的，不得进行装配，也不准进入成品库。

4. 模具零件的加工方案

根据加工条件和工艺方法，模具零件的加工主要可分为切削加工和非切削加工两大类。在具体加工之前，应根据模具零件的材质、用途、结构、形状、尺寸、精度及使用寿命等因素选用适当的加工方法，见表 3-1。

表 3-1　模具零件的加工方法

类别	加工方法	加工设备	适用范围
切削加工	刨削加工	龙门刨床（刨刀）、牛头刨床（刨刀）	对模具毛坯进行六面加工
	车削加工	车床（车刀）、数控车床（车刀）、立式车床（车刀）	内、外圆柱面及圆锥面，端面，沟槽，螺纹，成形表面滚花，钻孔、铰孔、镗孔
	钻孔加工	钻床（钻头、铰刀）、铣床（钻头、铰刀）、数控铣床和加工中心（钻头、铰刀）	模具板型件上的螺钉孔、螺纹底孔、定位销孔等各种孔的粗加工、半精加工和精加工
	铣削加工	铣床（立铣刀、面铣刀）、数控铣床和加工中心（立铣刀、面铣刀）、龙门铣床（面铣刀）	各种模具零件
		仿形铣床（球头铣刀）	模具零件仿形加工
		雕铣机（小直径立铣刀）	雕刻图案
	磨削加工	平面磨床（砂轮）	模板平面
		成形磨床、数控磨床和光学曲线磨床（砂轮）	各种形状的模具零件表面
		坐标磨床（砂轮）	精密模具型孔
		内、外圆磨床（砂轮）	回转零件的内、外表面
		万能磨床（砂轮）	可实施锥度磨削
	电加工	电火花线切割机（线电极）	各种形状的通孔、通槽
		电火花成形机（电极）	各种形状的型腔及型芯上狭窄的沟槽
	抛光加工	手持抛光工具（各种砂轮）	去除铣削痕迹
		抛光机或手工工具（锉刀、砂纸、油石、抛光剂）	抛光模具零件
非切削加工	挤压加工	压力机（挤压凸模）	难以进行切削加工的型腔
	铸造加工	铍青铜压力铸造（铸造设备）、精密铸造（石膏铸型、铸造设备）	注射模具型腔
	电铸加工	电铸设备（电铸母型）	精密注射模具型腔
	表面装饰加工	蚀刻装置（装饰纹样板）	注射模具型腔

通常情况下，模具型腔和型芯的尺寸标准公差等级一般为 IT8～IT9，精密注射模型腔和型芯的尺寸标准公差等级为 IT6～IT7，型芯和型腔的表面粗糙度值一般为 $Ra0.1\sim0.2\mu m$，要求达到镜面的表面粗糙度值为 $Ra0.05\mu m$ 以下。为达到模具零件图样中的表面质量要求，型腔和型芯的各成形表面在精加工后，必须经过研磨和抛光。

由于各种加工方法所能达到的经济加工精度、表面粗糙度、生产率和所需生产成本各不相同，所以必须根据具体情况选用适当的加工方案，以满足零件图样的要求。

（1）外圆表面的加工方案　轴类、套类和盘类模具零件外圆表面常用的机械加工方法包括车削、磨削和光整等。车削是外圆表面最经济有效的加工方法，但就其经济加工精度而言，一般适用于作为外圆表面粗加工和半精加工；磨削是外圆表面的主要精加工方法，特别适用于各种高硬度和淬火零件的精加工；光整是精加工之后进行的超精密加工方法，通常包括滚压、抛光和研磨等，主要适用于一些精度和表面质量要求高的零件。

外圆表面的各种加工方案见表3-2。

表3-2　外圆表面的各种加工方案

序号	加工方案	经济加工精度	表面粗糙度值 $Ra/\mu m$	适用范围
1	粗车	IT11~IT13	12.5~50	适用于淬火钢以外的各种金属
2	粗车—半精车	IT8~IT10	3.2~6.3	
3	粗车—半精车—精车	IT7~IT8	0.8~1.6	
4	粗车—半精车—精车—滚压	IT7~IT8	0.025~0.2	
5	粗车—半精车—磨削	IT7~IT8	0.4~0.8	主要适用于淬火钢，不适用于非铁金属
6	粗车—半精车—粗磨—精磨	IT6~IT7	0.1~0.4	
7	粗车—半精车—粗磨—精磨—超精加工（或轮式超精磨）	IT5	0.012~0.1	
8	粗车—半精车—精车—精细车（金刚车）	IT6~IT7	0.025~0.4	主要适用于要求较高的非铁金属
9	粗车—半精车—粗磨—精磨—超精磨或镜面磨	IT5以上	0.006~0.025	主要适用于要求极高精度的外圆加工
10	粗车—半精车—粗磨—精磨—研磨	IT5以上	0.012~0.01	

（2）内圆表面的加工方案　内圆表面即内孔，也是模具零件的基本表面之一。受被加工孔本身尺寸的限制，孔加工刀具的刚性差，易产生弯曲变形及振动。在切削过程中，孔内排屑、散热、冷却和润滑条件差，所以加工精度和表面粗糙度都不易控制。由于大部分孔加工刀具均为定尺寸刀具，所以刀具直径的制造误差及磨损都将影响孔的加工精度。

一般情况下，加工孔比加工同样尺寸、精度的外圆表面要困难得多。当一个零件要求内圆表面与外圆表面必须保持某种确定关系时，一般先加工内圆表面，然后再以内圆表面定位，加工外圆表面。

内圆表面可以在车床、钻床、铣床、镗床、拉床及磨床上进行加工，常用的加工方法包括钻孔、扩孔、铰孔、镗孔、拉孔和磨孔等。在选择加工方法时，应考虑孔径大小、深度、精度，零件外形、尺寸、质量、材料、生产批量及设备等具体条件。对于精度要求较高的孔，最后还须经珩磨、研磨、滚压等精密加工。内圆表面的各种加工方案见表3-3。

表3-3　内圆表面的各种加工方案

序号	加工方案	经济加工精度	表面粗糙度值 $Ra/\mu m$	适用范围
1	钻	IT11~IT12	12.5	用于加工未淬火钢等实心毛坯，也可加工非铁金属（但表面稍粗糙，孔径小于20mm）
2	钻—铰	IT9	1.6~3.2	
3	钻—铰—精铰	IT7~IT8	0.8~1.6	
4	钻—扩	IT10~IT11	6.3~12.5	用于加工未淬火钢等实心毛坯，也可加工非铁金属（但表面稍粗糙，孔径大于20mm）
5	钻—扩—铰	IT8~IT9	1.6~3.2	
6	钻—扩—粗铰—精铰	IT7	0.8~1.6	
7	钻—扩—机铰—手铰	IT6~IT7	0.1~0.4	
8	钻—扩—拉	IT7~IT9	0.1~1.6	用于大批大量生产（精度由拉刀精度决定）

（续）

序号	加工方案	经济加工精度	表面粗糙度值 $Ra/\mu m$	适用范围
9	粗镗（或扩孔）	IT11～IT12	6.3～12.5	
10	粗镗（粗扩）—半精镗（精扩）	IT8～IT9	1.6～3.2	用于除淬火钢外的各种材料，毛坯上有铸或锻出的孔
11	粗镗（粗扩）—半精镗（精扩）—精镗（精铰）	IT7～IT8	0.8～1.6	
12	粗镗（粗扩）—半精镗（精扩）—精镗—浮动镗刀精镗	IT6～IT7	0.4～0.8	
13	粗镗（粗扩）—半精镗—磨孔	IT7～IT8	0.2～0.8	主要用于淬火钢，但不宜用于非铁金属
14	粗镗（粗扩）—半精镗—粗磨—精磨	IT6～IT7	0.1～0.2	
15	粗镗—半精镗—精镗—金刚镗	IT6～IT7	0.05～0.4	主要用于精度要求高的非铁金属
16	钻（扩）—粗铰—精铰—珩磨钻（扩）—拉—珩磨（粗镗）—半精镗—精镗—珩磨	IT6～IT7	0.025～0.2	用于精度要求很高的孔
17	钻（扩）—粗铰—精铰—研磨钻（扩）—拉—研磨（粗镗）—半精镗—精镗—研磨	IT6级以上	0.001～0.1	

（3）平面的加工方案　平面是板类零件的主要表面，也是回旋体零件的重要表面之一（如端面、台阶面等）。平面的加工方法包括车削、铣削、刨削、磨削、拉削、研磨和刮研等。其中，刨削、铣削和磨削是平面的主要加工方法。

平面的各种加工方案见表3-4。

表3-4　平面的各种加工方案

序号	加工方案	经济加工精度	表面粗糙度值 $Ra/\mu m$	适用范围
1	粗车—半精车	IT9	3.2～6.3	回转体零件的端面
2	粗车—半精车—精车	IT7～IT8	0.8～1.6	
3	粗车—半精车—磨削	IT6～IT8	0.2～0.8	
4	粗刨（粗铣）—精刨（精铣）	IT8～IT10	1.6～6.3	精度要求不太高的不淬硬平面
5	粗刨（粗铣）—精刨（精铣）—刮研	IT6～IT7	0.1～0.8	精度要求较高的不淬硬平面
6	粗刨（粗铣）—精刨（精铣）—磨削	IT7	0.2～0.8	精度要求较高的平面
7	粗刨（粗铣）—精刨（精铣）—粗磨—精磨	IT6～IT7	0.02～0.4	精度要求较高的平面
8	粗铣—拉削	IT7～IT9	0.2～0.8	大批量生产，较小的平面（精度与拉刀精度有关）
9	粗铣—精铣—精磨—研磨	IT5以上	0.06～0.1	高精度平面

（4）模具零件的热处理　为延长模具的使用寿命，除对模具零件进行热处理，以达到提高强度、刚度和硬度的目的外，还可对零件材料进行表面处理，以达到耐磨和耐蚀的要求。材料的表面处理方法一般可以分为电化学方法、化学方法及真空镀与气相镀等几类。模具常用的表面处理方法见表3-5。

表3-5　模具常用的表面处理方法

分类	常用方法	硬度（HV）	说明
电化学方法（电镀）	镀铬	<1000	提高模具表面的硬度、耐磨性、耐蚀性和耐热性
化学方法	渗碳	1000～1200	淬火后，表层硬度大幅度提高，耐磨性极好
	渗氮		模具变形小，耐磨性比渗碳淬火好
	碳氮共渗		

（续）

分类	常用方法	硬度(HV)	说明
镀与气相镀	PVD(物理气相沉积)	>2000	在模具表层镀氮化钛、碳化钛、碳氮化钛,可使镀层附着力强,不易剥落,致密,厚度均匀
	CVD(化学气相沉积)		形成的镀层更不易剥落,主要用于硬质合金材料的处理
	PCVD(等离子化学气相沉积)		处理温度比CVD低、与PVD相当,所形成的硬质膜与基体的结合力远高于PVD

5. 模具成形零件的加工

模具成形零件通常包括冲模的凸模和凹模,塑料模的型腔、型芯、镶件和滑块等,其加工质量直接影响最终产品的形状、尺寸及模具的使用寿命。

（1）冲模凸模和凹模的加工 冲模成形零件的加工方案见表3-6。

表3-6 冲模成形零件的加工方案

加工方案		加工特点	适用范围
凸模和凹模分开加工	方案一	凸模和凹模分开加工,分别满足图样要求	1. 凸模和凹模形状比较简单时 2. 凸模和凹模具有互换性要求时 3. 加工设备及加工手段比较先进时
凸模和凹模配合加工(单件配制法)	方案二	先加工好凸模,然后根据配合间隙的大小和加工好的凸模的实际尺寸来配合加工凹模	1. 刃口形状比较复杂的非圆冲孔模用方案二 2. 刃口形状比较复杂的非圆落料模用方案三 3. 方案二和方案三均适用于冲裁间隙要求较小时
	方案三	先加工好凹模,然后根据配合间隙的大小和加工好的凹模的实际尺寸来配合加工凸模	

（2）型腔零件的加工 型腔零件加工工艺过程见表3-7。

表3-7 型腔零件加工工艺过程

加工类型	工艺过程	应用特点
机械加工	下料—锻造—退火—坯料外形加工(铣、刨、磨)—型面的粗铣—退火去应力—型面的半精铣削加工—其他辅助表面加工—淬火+回火—型面的磨削加工—型面的光整加工—渗氮或镀铬、镀钛等	适用于要求有一定的尺寸精度和要求对材料进行完全淬硬热处理的情况
	下料—锻造—正火—模坯外形加工(铣、刨、磨)—粗铣型面—去应力退火—半精加工型面—渗碳—淬火+回火—型面光整加工—镀铬等表面处理	适用于低碳钢和低碳合金钢制造的尺寸要求不高的成形零件,以及要求进行表面硬化处理的情况
特种加工	下料—锻造—退火—坯料外形加工(铣、刨、磨)—型面的粗铣—去应力退火—其他辅助表面加工—淬火+回火—型面的基准面磨削加工—退磁处理—电火花型面加工—型面光整加工—渗氮或镀铬、镀钛等	适用于成形零件的电火花成形加工
	下料—锻造—退火—坯料外形加工(铣、刨、磨)—坯料的预加工—型面挤压成形加工(冷挤压、热挤压、超塑成形加工等)—去应力处理—其他表面的机械加工—表面热处理(渗碳淬火、渗氮、碳氮共渗等)—光整加工—镀铬等表面处理	适用于成形零件的挤压成形加工

（3）模具成形零件的加工特点及工艺过程 模具成形零件的加工特点及工艺过程见表3-8。

表 3-8　模具成形零件的加工特点及工艺过程

结构形式		加工特点	工艺过程
凸模型面加工	直通式凸模	直通式凸模(动模)是指凸模在整个长度方向上,其断面形状均相同。其加工特点是:可沿轴向加工,也可沿断面轮廓切向加工。若是冲模凸模,应加工出锋利刃口	简单断面:粗加工—热处理—磨削 复杂断面:粗加工—热处理—磨平面—电火花线切割加工
	台阶式凸模	台阶式凸模是指工作部分轮廓尺寸小于固定部分轮廓尺寸的凸模。其加工特点是:加工时必须考虑两者轴线同轴或平行	精度要求较高时:粗加工—热处理—磨削成形 精度要求一般时:粗加工—精加工(成形刨磨)—热处理
	曲面式凸模(动模)	曲面式凸模是指型面为三维式曲面的型腔模凸模(动模),需通过加工与测量手段相结合的方式保证它的几何精度,并且要选择合理的定位面进行精细加工,以保证与凹模(定模)的配合均匀性	大型凸模:粗加工—热处理—精加工(成形磨)—修磨—抛光 小型精密凸模:粗加工—热处理—精加工(电加工或成形磨削加工)—抛光
凹模型面加工	直通式凹模	直通式凹模是指凹模孔直通,如冲裁模凹模孔。在加工时,应保证良好的成形性,最后与凸模配作加工,以保证凸凹模间隙及正确位置	简单形状凹模:粗加工—精加工—热处理—平磨刃口 复杂形状凹模:粗加工—热处理—磨端平面—电火花线切割或电火花穿孔
	盲孔式凹模	盲孔式凹模一般是指型腔类凹模(定模),在加工时,为保证与凸模形状的一致性,有时需要与凸模配合加工	小型凹模:粗加工—热处理—电火花加工—抛光

例 3-3　型芯毛坯的加工。

对于大多数模具型芯来说,在毛坯准备阶段之后,都需要经过毛坯加工阶段才能开始进行零件加工。毛坯主要采用铣削的方式加工,其过程如图 3-10 所示。首先,铣六面体毛坯的面 2;然后,把毛坯翻过来,铣和面 2 相对的面②;接着,依次铣面 1 和与面 1 相对的面①;对角尺后,再依次铣面 3 和与面 3 相对的面③,完成毛坯六个平面的铣削。

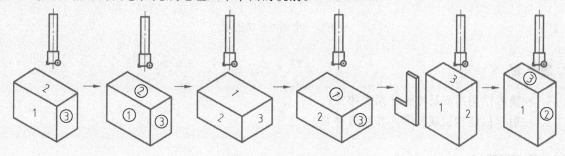

图 3-10　铣型芯毛坯的过程

铣削工作完成后,对型芯毛坯进行磨削加工,其过程如图 3-11 所示。首先,依次磨削面 1 和与面 1 相对的面①;接着,用平口钳夹持面 1 和面①,依次磨削面②和面 3;最后,再分别对面 2 和面③进行磨削。

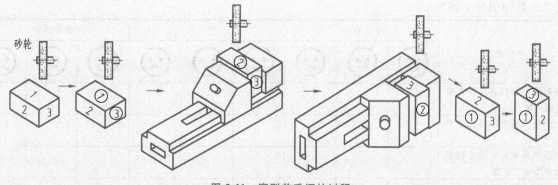

图 3-11　磨型芯毛坯的过程

例 3-4　滑块的加工。

在注射模的侧面分型抽芯机构中，由斜导柱驱动滑块（图 3-12）实现侧抽芯的结构应用广泛。滑块的加工过程如图 3-13 所示。

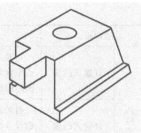

图 3-12　滑块

首先，在磨好六面的滑块毛坯上划线；然后，依次铣滑块侧面的台阶和另外一侧的台阶，铣台阶根部的空刀槽；接着，磨两侧的台阶面，铣、磨滑块的成形部位；再划线、校表，将滑块后部的斜面铣削出来；之后将滑块装入模板，与紧固好的锁紧楔研配，研好的滑块与动模板、定模板一起组合钻斜导柱孔；最后，将滑块从模板中拆下来，扩斜导柱孔。

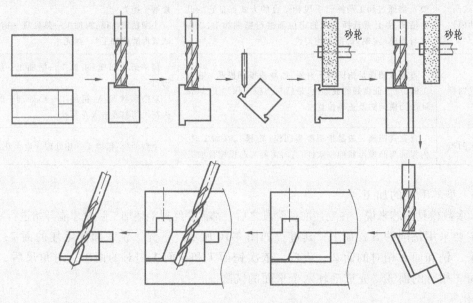

图 3-13　滑块的加工过程

想一想

1. 冲模的结构组成及零件作用有哪些？
2. 注射模的结构组成及零件作用有哪些？

学习评价

一、观察与评价

根据下表"观察点"列举的内容，进行学生自评和学生互评。"观察点"内容可视课堂实情及教学进度在教师引导下拓展。

观察点	学生自评			学生互评			教师评价		
	☺	😐	☹	☺	😐	☹	☺	😐	☹
能简述各种模具零件在模具中的作用									
熟悉模具成形零件的技术要求									
熟悉模具成形零件不同表面的常用加工方法									
课堂综合表现									

二、反思与探究

从学习过程和评价结果两方面反思，分析存在的问题并寻求解决的办法。

存在的问题	解决的办法

课题二 了解典型模具成形零件制造技术

课题说明

通过对模具成形零件制造技术的学习，对冲模和塑料模成形零件的加工方法有初步认识，能针对具体模具成形零件制订加工工艺方案。

相关知识

一、冲模凸模的制造

凸模、型芯类模具零件是用来成形零件内表面的，它和型孔、型腔类零件一样，是模具的重要成形零件。它们的质量直接影响着模具的使用寿命和成形零件的质量。因此，该类模具零件的质量要求较高。由于成形零件的形状各异、尺寸差别较大，所以凸模和型芯类模具零件的品种也是多种多样的。按凸模和型芯的断面形状，大致可以分为圆形和异形两类。圆形凸模、型芯加工比较容易，一般可采用车削、铣削、磨削等方法进行粗加工和半精加工，经热处理后先在外圆磨床上精加工，再经研磨、抛光即可达到设计要求。异形凸模和型芯在制造上比圆形凸模和型芯要复杂得多。

冲模凸模主要是外形加工，可分为圆形凸模和非圆形凸模两类。

（1）圆形凸模 圆形凸模是最简单的凸模，通常采用常规的加工方法。图3-14所示圆形凸模的加工工艺流程如下：

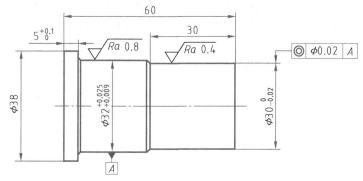

图 3-14 圆形凸模

工序1：备料。一般准备圆形棒料，也可以订购自由锻件，锻件需退火处理。

工序2：粗加工。由于是回转体形状，粗加工首选车削，一般给最终加工留直径方向 0.5~1mm 余量。需要强调的是，凸模大端端面往往要钻中心孔，以便后续磨削装夹。对于图3-14所示的圆形凸模，全长只有60mm，可以装夹 φ38mm 外圆进行车削加工，凸模小端端面不钻中心孔。

但对于长凸模来讲，为后续加工合理、方便，凸模小端端面也必须钻中心孔，但需要做工艺台阶，如图3-15所示。精加工完成后，该工艺台阶可以采用电火花线切割等方法去除掉。

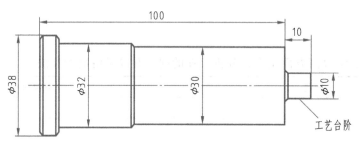

图 3-15　长凸模加工工艺台阶示意图

工序 3：热处理。

工序 4：精加工。精加工主要以外圆磨削、平面磨削为主要加工手段。需要强调的是加工基准，外圆磨削时的加工基准是粗加工中的中心孔，即凸模的回转轴线；平面磨削上、下端面时，需借助精密 V 形平口钳等，装夹图 3-14 基准位置（$\phi32$mm 外圆），加工基准仍然是凸模的回转轴线。

工序 5：钳工去除尖角、毛刺，抛光工作面。

练一练

制订图 3-16 所示圆形凸模的加工工艺流程。

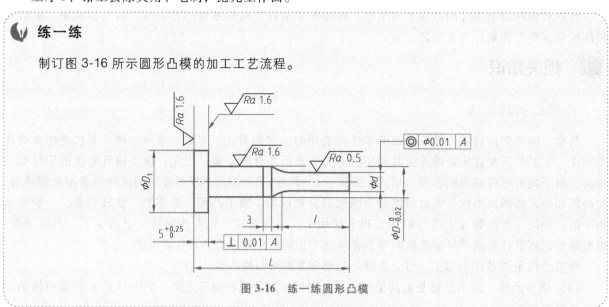

图 3-16　练一练圆形凸模

（2）非圆形凸模　非圆形凸模按照凸模的形状大致分为两种：带安装台肩式非圆形凸模和直通式非圆形凸模。图 3-17a 所示为带安装台肩式非圆形凸模，图 3-17b 所示为直通式非圆形凸模。

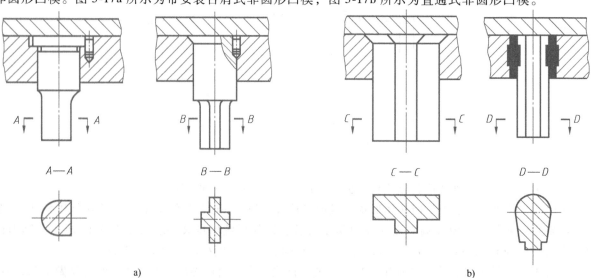

图 3-17　非圆形凸模的结构形式

带安装台肩式非圆形凸模的常用加工方法为凹模压印修锉法，其详细的加工方法为：车、铣或刨削加工毛坯—磨削安装面和基准面—划线铣轮廓，留 0.2～0.3mm 单边余量—凹模（已加工好）压印后修锉轮廓—淬硬后抛光—磨刃口。

直通式非圆形凸模的常用加工方法为电火花线切割，其详细的加工方法为：粗加工毛坯—磨安装面和基准面—划线加工安装孔、穿丝孔—淬硬后磨安装面和基准面—切割成形—抛光—磨刃口。

凸模工作型面的常用精加工方法为成形磨削法。形状复杂的凸模刃口一般由一些圆弧和直线组成。凸模采用成形磨削加工，可将被磨削轮廓划分成单一的直线和圆弧段，逐段进行磨削，并使衔接处平整光滑，达到设计要求。成形磨削的方法有成形砂轮磨削法和夹具磨削法。

成形砂轮磨削法是将砂轮修整成与工件被磨削表面完全吻合的形状进行磨削加工的，以获得所需要的成形表面，如图 3-18 所示。此法一次所能磨削的表面宽度不能太大。为获得一定形状的成形砂轮，可将金刚石固定在专门设计的修整夹具上对砂轮进行修整。

夹具磨削法是借助夹具，使工件的被加工表面处在所要求的空间位置上（图 3-19a），或使工件在磨削过程中获得所需的进给运动（图 3-19b），从而磨削出成形表面。工件除做纵向进给（由机床提供）外，还可以借助夹具使工件做断续的圆周进给，这种磨削圆弧的方法也称为回转法。

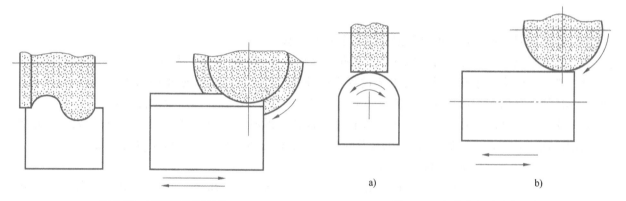

a)　　　　　　　　　　b)

图 3-18　成形砂轮磨削法　　　　　　图 3-19　夹具磨削法磨削圆柱面

对于非圆形凸模而言，还有成形磨削、压印锉修、仿形加工等方法可以选择，但通用性、经济性、可靠性等方面都不如电火花线切割加工。电火花线切割加工前模具图形分为有线切割穿丝孔和无线切割穿丝孔两种，如图 3-20 所示。

由于冲压产品品种繁多，冲模凸模会出现各种各样的异形轮廓，常用的合理工艺方法是：将冲模凸模设计成贯通式的形状，精加工时采用快走丝或慢走丝线切割的加工方法来保证形状和精度。

图 3-21 所示为贯通式异形切边凸模，其加工工艺过程如下：

工序 1：下料。根据模具形状来决定备料规格，一般选取圆棒料或经过锻打的正方形、长方形坯料，锻件需要退火处理。图 3-21 所示的凸模选用长方形锻坯更合适些。

工序 2：粗加工。采取铣削粗加工，留足电火花线切割加工的装夹位置。对于要求较严的模具，为减小电火花线切割变形，还需要加工穿丝孔。

工序 3：热处理。

工序 4：精加工。精加工主要以平面磨削为主，目的是确定电火花线切割加工的工艺基准。

工序 5：电火花线切割加工轮廓。图 3-21 所示的凸模加工需要切割两次：一次切割外轮廓形状，另一次切割端面曲线轮廓形状。两次切割需要分别编程、装夹和找正。

工序 6：钳修。钳工去除尖角、毛刺，抛光工作面。

二、冲模凹模的制造

冲模凹模的加工主要是对孔和孔系的加工，孔本身的尺寸大小是决定加工方法的关键。

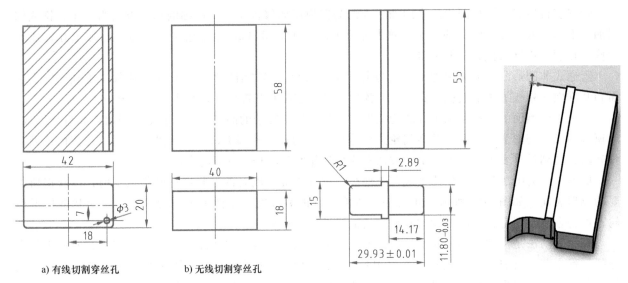

a) 有线切割穿丝孔　　　b) 无线切割穿丝孔

图 3-20　电火花线切割加工前模具图形　　　图 3-21　贯通式异形切边凸模

1. 单个圆形孔的加工

一般孔位于回转轴中心，可以依据孔的大小分别考虑。

（1）小孔　通常认为是直径 10mm 以下的孔，以钻、铰加工和电加工为主。

对于要求不严格的小孔，其主要工艺过程为：备料—粗加工（以普通车削为主）—钻孔、铰孔—热处理—精加工（磨削端面、外圆，确定基准面）—钳修（抛光小孔，然后装配使用）。

对于要求较严格的小孔，其主要工艺过程为：备料—粗加工（以普通车削为主）—热处理—精加工（磨削端面、外圆，确定基准面）—电火花线切割或电火花加工小孔—钳修（抛光小孔）。

（2）大孔　稍大些的圆孔以磨削法加工为主。

大孔加工的主要工艺过程为：备料—粗加工（以普通钻孔、车孔为主）—热处理—精加工（磨削端面、内孔，确定基准面，设备以内孔磨床为主）—钳修（主要是抛光、配修）。特殊情况下精加工时，大孔也可以采用电火花线切割加工。

如图 3-22 所示，当孔不在回转轴中心时，加工的工艺难度稍高，一般采用电火花线切割加工比较经济，也可以配以工装、辅具，采用磨削加工。

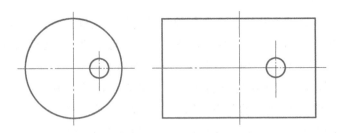

图 3-22　孔不在回转轴中心示例

2. 圆形孔系

稍复杂的冲模凹模一般有多个有相互位置要求的不同孔系需要同时加工制造的情况。多数情况下，孔本身和相互孔位之间都有非常严格的尺寸公差要求，这样就增大了模具制造的难度。

（1）孔系位置精度要求高的情形　对于有严格位置精度要求的冲模凹模，其主要工艺过程为：备料—粗加工（外形面、孔系都要粗加工，留合适的加工余量）—热处理—精加工（以外圆磨削、平面磨削为主，确定基准面）—孔系精加工（主要以电火花线切割、坐标磨削方法为主）。

（2）孔系位置精度要求不高的情形　对于孔的相互位置要求不高的冲模凹模，工艺过程可以简化不少，其主要工艺流程为：备料—粗加工—孔系加工（以坐标镗床、普通立式铣床、普通钻床加工为主)—热处理—钳修（孔系经钳修、抛光后直接使用）。

图 3-23 所示为有严格孔位要求的孔系模具零件，其加工工艺过程如下：

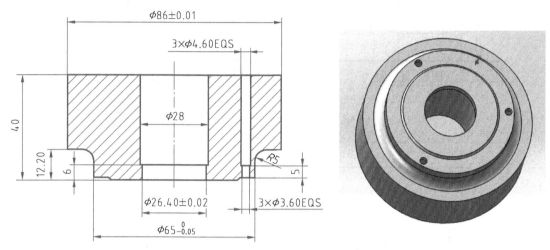

图 3-23　有严格孔位要求的孔系模具零件

工序 1：下料。选 $\phi90\text{mm}\times46\text{mm}$ 的长棒料。

工序 2：粗加工。采取车削粗加工，留双边 0.5~0.8mm 的精加工余量。3 个 $\phi3.60\text{mm}$ 的孔需要加工出线切割穿丝孔，尺寸大小不能超过 3mm，需要借助工装、辅具来保证。

工序 3：热处理。

工序 4：精加工。精加工主要以外圆、内孔、平面磨削为主，目的是保证图样尺寸，确定工艺基准。

工序 5：电火花线切割加工 $3\times\phi3.60\text{mm}$ 孔。利用现有穿丝孔，编程、装夹、找正，电火花线切割加工小孔到要求尺寸，需要穿丝、退丝，电火花线切割跳步 3 次，过程比较繁琐。

工序 6：电火花加工 $3\times\phi4.60\text{mm}$ 的台阶孔。由于电火花线切割只能加工贯穿孔，$3\times\phi4.60\text{mm}$ 的台阶孔需要制作 $\phi4.4\text{mm}$ 左右的圆形工具电极，采用电火花放电的方法加工到位。

工序 7：钳修。

该模具粗加工线切割穿丝孔是有一定难度的，从工艺角度讲，粗加工也可以考虑不加工线切割穿丝孔，而在热处理、精加工出基准面后，采用专用电火花穿孔机加工出线切割穿丝孔。虽然加工成本提高了，但加工效率、精度、稳定性也提高了。

3. 非圆形整体凹模加工

非圆形整体凹模的主要加工工艺过程为：加工毛坯料—磨安装面和基准面—钳工划线加工安装孔—线切割穿丝孔—对于较大的凹模孔，铣凹模孔，周边留 2~3mm—铣刃口下端排料斜度部分—淬火—磨安装面和基准面至要求尺寸—电火花线切割或坐标磨凹模孔—抛光—磨刃口。

图 3-24 所示为非圆形整体凹模，其加工工艺过程如下：

工序 1：下料。选用锻造毛坯。

工序 2：铣削。将毛坯铣削至 $420.8\text{mm}\times200.8\text{mm}\times18.8\text{mm}$，且各面保持垂直、平行。

工序 3：磨削。将铣削后的工件磨削至 $420.4\text{mm}\times200.4\text{mm}\times18.4\text{mm}$，且各面保持垂直、平行。

工序 4：钳修。中分划线，钻、铰 4 个螺钉孔至要求尺寸；钻其余各孔，线切割 $\phi2\text{mm}$ 穿丝孔，其中 $\phi2.1\text{mm}$ 钻到 $\phi1\text{mm}$。

工序 5：铣削。铣削各孔刃口以下部分。

工序 6：热处理。热处理硬度为 60~64HRC。

工序 7：磨削。均匀磨削各面至要求尺寸。

4. 非圆形镶拼结构凹模

非圆形镶拼结构凹模的加工工艺过程为：加工毛坯料—磨安装面和基准面—钳工划线加工安装

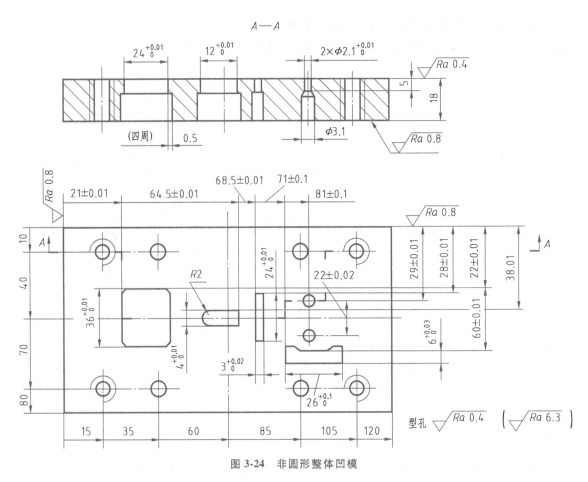

图 3-24 非圆形整体凹模

孔—铣刃口下端排料斜度部分—淬火—磨安装面和基准面至要求尺寸—电火花线切割或磨成形面—抛光—磨刃口。

凹模工作型面的精加工可使用坐标磨床。坐标磨床主要用于对淬火后的模具零件进行精加工，不仅能加工圆孔，还能加工非圆形孔；既能加工内成形表面，也能加工外成形表面。它是在淬火后进行孔加工的机床中精度最高的一种。坐标磨床和坐标镗床相类似，也用坐标法对孔系进行加工，其坐标精度可达 ±(0.002~0.003)mm。坐标磨床用砂轮作为切削工具，其加工方式如下：

（1）内孔磨削　在进行内孔磨削时，由于砂轮直径受孔径限制，同时为降低磨头的转速，应使砂轮直径尽可能接近磨削的孔径，一般可取砂轮直径为孔径的 0.8~0.9。内孔磨削是利用砂轮的高速自转、行星运动和砂轮的轴向往复运动实现的，如图 3-25 所示。

（2）外圆磨削　外圆磨削是利用砂轮的高速自转、行星运动和轴向往复运动实现的，如图 3-26 所示。利用行星运动直径的缩小，可实现径向进给。

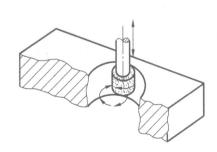

图 3-25　内孔磨削

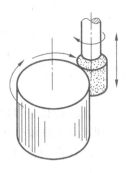

图 3-26　外圆磨削

（3）锥孔磨削　锥孔磨削是利用机床使砂轮在轴向进给的同时，连续改变行星运动的半径实现的。锥孔的锥顶角大小取决于两者变化的比值，所磨削锥孔的最大锥顶角为12°。磨削锥孔的砂轮应修出相应的锥角，如图3-27所示。

（4）平面磨削　砂轮仅自转而不做行星运动，工作台进给，如图3-28所示，适合于平面轮廓的精密加工。

（5）铡磨　铡磨使用专门的磨槽辅件进行，砂轮在磨槽辅件上的装夹和运动情况如图3-29所示。该方法可以对槽及带清角的内表面进行加工。

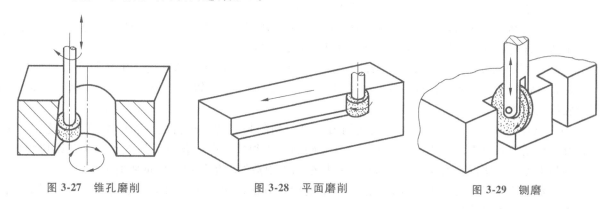

图3-27　锥孔磨削　　　　　　图3-28　平面磨削　　　　　　图3-29　铡磨

想一想

简述冲模凹模的制造工艺路线。图3-30所示为非回转体形凹模，其加工技术要求为：1）型孔表面光洁，无飞边毛刺；2）表面粗糙度值为$Ra0.4$；3）淬火硬度为60~64HRC。

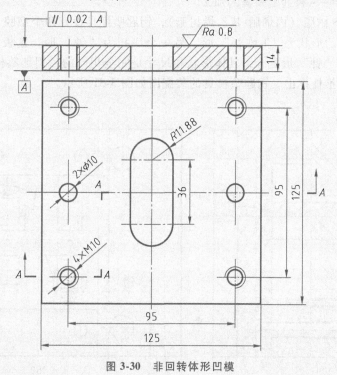

图3-30　非回转体形凹模

三、塑料模型芯的制造

塑料成型模具是在高温、高压、高速和熔融状态下进行成形的，各个配合零件之间的要求非常严格，装配也极为重要。塑料模按照成型原理主要分为注射成型模、压缩成型模、压注成型模、挤出成型模、吹塑成型模和气压成型模。塑料成型模具主要由成型部件、浇注系统、导向机构、脱模机构等组成。塑料模在家电、IT、汽车制造等行业中应用广泛，现代塑料模对模具寿命、精度和表面质量等都有严格的要求。

1. 塑料模的加工

一套完整的塑料模由多个零件组成，其中最关键且最复杂的是型腔和型芯的加工。型芯和型腔的主要作用是成型塑件的内外表面，有较高的加工精度要求，其加工质量直接影响产品的质量与模具的使用寿命。由于型腔形状复杂、尺寸精度高、表面粗糙度指标严，因此塑料模制造工艺过程必须有严格的规范。

常用的塑料模型腔和型芯的加工方法主要有三大类。

（1）传统机械加工方法 对于简单的塑料模型腔、型芯、镶块、型板、浇口套、滑块、顶杆等，采用车削、铣削、刨削、钻削、磨削方法基本上可以满足加工要求。

（2）数控加工方法 对于形状复杂的塑料模型腔，由于热处理后的硬度范围比较适合数控加工，尤其是高速铣削加工。所以，只要数控加工刀具形状、强度、走刀轨迹适合，数控加工就是复杂塑料模型腔优选的加工手段。

（3）电加工方法 由于数控加工是使用刀具进行切削加工的，塑料模型腔中窄槽、窄缝、小孔、深孔及不规则形状非常多，数控加工往往会受到限制，必须依靠电火花成形加工、电火花线切割加工等特种加工方法。所以，电加工方法目前在塑料模加工制造领域依然占有较重要的地位。

不管是传统加工方法、数控加工方法，还是电加工方法，塑料模精加工后还需要细致、严格的钳工抛光、修配才可以装配、试模。

除型腔和型芯外的其他塑料模零件形状就相对简单多了，常规加工方法基本上可以满足要求。但复杂零件还是要采用数控加工、电加工的工艺方法。随着模具制造技术的发展，挤压成形、精密铸造、快速成形技术等在塑料模制造中也有较多的应用。

2. 塑料模制造实例——钥匙坠模具的加工

钥匙坠的材料为 AS 树脂（丙烯腈-苯乙烯树脂），钥匙坠模具设有四个型腔，包括两个底托和两个盖板。其中，一个底托的形状为"T恤衫"形，另一个底托为"钟"形。盖板的基本形状为长方形，分别与"T恤衫"形和"钟"形配合，具体形状和尺寸是完全相同的。钥匙坠模具的四个型腔采用对角布置，侧浇口进料、推杆推出。钥匙坠模具的装配图如图 3-31 所示。

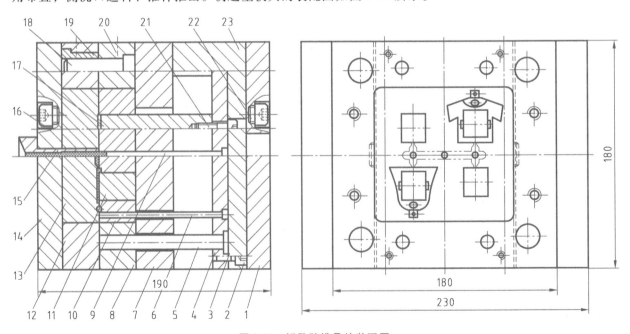

图 3-31 钥匙坠模具的装配图

1—动模座板 2、16、21、22—螺钉 3—推板 4—推杆固定板 5—复位杆 6—4mm 推杆
7—支承板 8—动模板 9—拉料杆 10—动模型芯 11—内型芯 12—定模板 13—型腔镶块
14—定模座板 15—浇口套 17—推块 18—导柱 19—导套 20—加长水嘴 23—垫块

在加工之前，可以先将钥匙坠模具的零件进行分类，然后再进行进一步规划。钥匙坠模具零件的分类及加工情况见表3-9。

表3-9　钥匙坠模具零件的分类及加工情况

序号	零件类别	零件号	加工情况
1	通用标准件	2、16、21、22	直接使用
2	模具标准件	5、6、9、15、18、19、20、23	直接使用或根据实际加工长度尺寸使用
3	非成形零件	1、3、4、7、8、12、14	模架零件，需加工后使用
4	成形零件	10、11、13、17	自行加工

由表3-9及图3-31可知，在钥匙坠模具的23个零件中，在标准模架上可以直接使用的包括通用标准件螺钉2、16、21、22和模具标准件复位杆5、导柱18、导套19和垫块23；可单独采购后直接使用的模具标准件是浇口套15和加长水嘴20，采购后需要进行长度尺寸加工的是4mm推杆6和拉料杆9；由模架自带，简单加工后即可使用的件是非成形零件，包括动模座板1、推板3、推杆固定板4、支承板7、动模板8、定模板12和定模座板14；需要模具厂自行下料加工的件是成形零件，包括动模型芯10、内型芯11、型腔镶块13和推块17。

（1）内型芯的加工　在钥匙坠模具中，内型芯为两件，如图3-32所示。考虑到加工的方便，应将两个零件放在一起组合下料。由于本零件的四角为R0.5mm的圆角，所以外形需要采用电火花线切割加工，并需留出适当的材料装夹与固定余量。零件的电火花线切割加工示意图如图3-33所示。

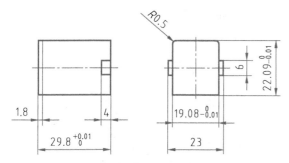

图3-32　钥匙坠模具的内型芯

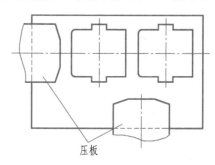

图3-33　电火花线切割加工示意图

工序1：下料。材料尺寸（长×宽×高）为70mm×45mm×35mm。

工序2：铣削。铣削上、下两面，保证尺寸为70mm×45mm×31mm。

工序3：热处理。调质至硬度为26~30HRC。

工序4：平磨。磨削上、下两面，保证尺寸为70mm×45mm×29.8mm。

工序5：电加工。电火花线切割加工零件外形。

工序6：钳修。根据零件图划台阶线。

工序7：铣削。铣削台阶。

工序8：钳修。成形部位抛光。

工序9：检验。

钥匙坠模具内型芯的加工工艺过程（图3-34）如下：

（2）动模型芯的加工　在钥匙坠模具中，动模型芯是最重要的成形零件之一，也是该模具制造的重点与难点。在动模型芯上，设有四个要求达到镜面的型腔、三个拉料杆孔、两个推杆孔、用于安装内型芯的台阶槽和两道水嘴孔，如图3-35所示。

动模型芯的四角尺寸为R6mm，所以需采用线切割的方式加工其外形尺寸。在动模型芯内部，两个用于装配内型芯的长方孔和两个推块孔也需要采用线切割的加工方式完成。由于型腔形状特殊且较浅，所以整体需采用电火花加工，无须进行预铣。加工完成后，应对型腔部分进行抛光。

动模型芯的具体加工工艺过程如下：

工序1：下料。材料尺寸（长×宽×高）为150mm×115mm×35mm。

工序2：铣削。铣削上、下两面，保证尺寸为150mm×115mm×31mm。

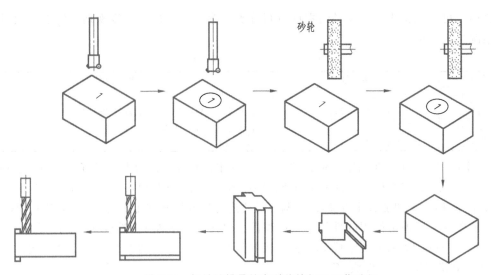

图 3-34　钥匙坠模具的内型芯的加工工艺过程

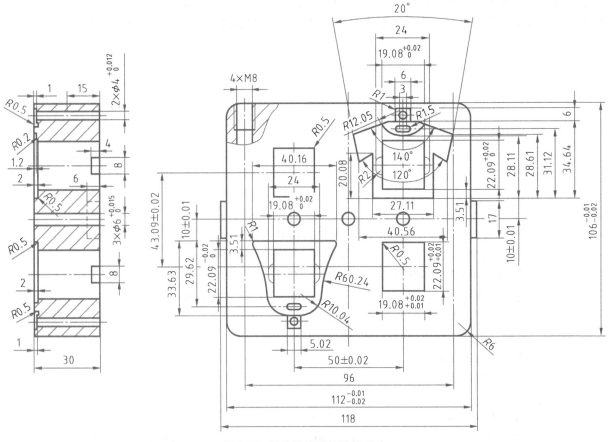

图 3-35　钥匙坠模具的动模型芯

工序 3：热处理。调质至硬度为 26～30HRC。

工序 4：平磨。磨削上、下两面，保证尺寸为 150mm×115mm×30mm。

工序 5：电加工。电火花线切割加工零件外形。

工序 6：钳修。划线、加工孔。根据零件图划中部成形方孔线、推杆孔线、拉料杆孔线、水嘴孔线和台阶线，钻线切割穿丝孔。

工序 7：电加工。电火花线切割中部的成形方孔。

工序 8：铣削。铣削动模型芯背部台阶和外表面的台阶。

工序9：钳修。孔加工。将动模型芯装入动模板后，与动模板组合加工水嘴螺纹底孔；与推杆固定板、支承板组合钻推杆孔及拉料杆孔；与推杆固定板组合铰推杆孔及拉料杆孔。

工序10：电加工。电火花加工成形部分。

工序11：钳修。根据零件图划位于型腔边缘的推出护耳线。

工序12：铣削。铣削推出护耳。

工序13：钳修。攻螺纹、抛光。攻水嘴孔口部的螺纹，成形部位抛光。

工序14：检验。

钥匙坠模具动模型芯的加工工艺流程如图3-36所示。

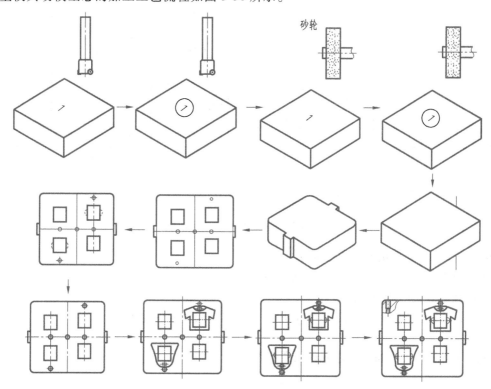

图3-36 钥匙坠模具动模型芯的加工工艺流程

四、塑料模型腔镶块的制造

在钥匙坠模具中，型腔镶块与动模型芯同为该模具制造的难点。在型腔镶块上，除设有四个要求达到镜面的型腔外，还有浇口套孔、水嘴孔和分流道，如图3-37所示。

型腔镶块的四角尺寸为R6mm，所以同样需要采用电火花线切割的加工方式。中间的成形部分采用电火花加工，然后进行抛光。浇口套孔与定模座板采用组合钻、铰的加工方式；流道与浇口套采用组合铣的加工方式。

型腔镶块的具体加工工艺过程如下：

工序1：下料。材料的尺寸（长×宽×高）为150mm×115mm×35mm。

工序2：铣削。铣削上、下两面，保证尺寸为150mm×115mm×31mm。

工序3：热处理。调质至硬度为26~30HRC。

工序4：平磨。磨削上、下两面，保证尺寸为150mm×115mm×30mm。

工序5：电加工。电火花线切割加工零件外形。

工序6：钳修。根据零件图划台阶线。

工序7：铣削。铣削台阶。

工序8：钳修。划线、加工孔。根据零件图划水嘴及浇口套线；装入定模板后，与定模板组合加工水嘴螺纹底孔；与定模座板组合钻、铰浇口套孔。

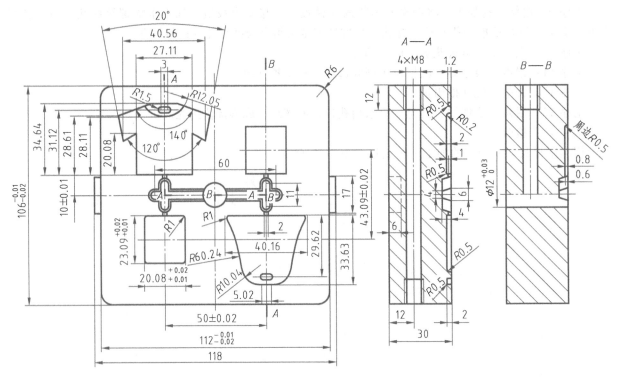

图 3-37　钥匙坠模具的型腔镶块

工序 9：电加工。电火花加工成形部分。

工序 10：钳修。根据零件图划流道及浇口线。

工序 11：铣削。铣削流道及浇口。

工序 12：钳修。攻螺纹、抛光。攻水嘴孔口部螺纹，成形部位抛光。

工序 13。检验。

钥匙坠模具型腔镶块的加工工艺流程如图 3-38 所示。

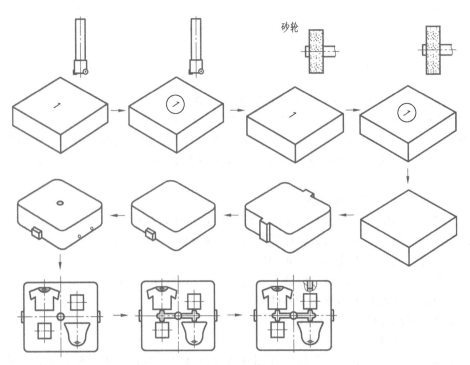

图 3-38　钥匙坠模具型腔镶块的加工工艺流程

【拓展知识】

圆帽注射模的加工（请扫描二维码）

 学习评价

圆帽注射模
的加工

一、观察与评价

根据下表"观察点"列举的内容，进行学生自评和学生互评。"观察点"内容可视课堂实情及教学进度在教师引导下拓展。

观察点	学生自评			学生互评			教师评价		
	☺	😐	☹	☺	😐	☹	☺	😐	☹
能正确选择典型模具成形零件的加工方法									
能完成典型模具成形零件加工工艺路线的设计									
课堂综合表现									

二、反思与探究

从学习过程和评价结果两方面反思，分析存在的问题并寻求解决的办法。

存在的问题	解决的办法

单元检测

一、填空题

1. 模具通常是由两类零件组成的：一类是_____，另一类是_____。

2. 冲模的非标准件可分为_____和_____两类。

3. 注射模的非标准件可分为_____和_____两类。成形零件是指模具中最重要的_____，用于成形制件的_____，其加工质量直接影响最终产品的形状、尺寸及模具的使用寿命。

4. 导柱外圆常用的加工方法有_____、_____、_____和_____等。

5. 模座的加工主要是_____和_____的加工。为使加工方便和容易保证加工要求，在各工艺阶段应先加工_____，后加工_____。

6. 塑料模按成形工艺不同分类，可分为_____、_____、_____和_____等。

7. 冲模按工序组合程度可分为_____、_____和_____；按工序性质分为_____、_____、_____和_____等。

二、选择题

1. 下列不属于型腔加工方法的是（　　）。

A. 电火花成形　　　B. 电火花线切割　　　C. 普通铣削　　　D. 数控铣削

2. 下列不属于平面加工方法的是（　　　）。

A. 刨削　　　　　B. 磨削　　　　　　C. 铣削　　　　　D. 铰削

3. 某导柱的材料为 40 钢，外圆表面尺寸标准公差等级要达到 IT6，$Ra = 0.8 \mu m$，则加工方案可选（　　　）。

A. 粗车—半精车—粗磨—精磨

B. 粗车—半精车—精车

C. 粗车—半精车—粗磨

4. 对于非圆型孔的凹模加工，正确的加工方法是（　　　）。

A. 可以铣削加工铸件型孔

B. 可用铣削作为半精加工

C. 可用成形磨削作为精加工

5. 对于非圆凸模加工，不正确的加工方法是（　　　）。

A. 用刨削作为粗加工

B. 淬火后，用精刨作为精加工

C. 用成形磨削作为精加工

三、问答题

1. 简述冲模成形零件的技术要求。

2. 简述加工塑料模型腔、型芯的技术要求。

3. 确定模具成形零件的加工工序应遵循哪些原则？

4. 请举例说明冲模的基本结构。

5. 比较冲模与注射模的结构，并指出相似的零件。

四、简答题

1. 试写出图 3-39 所示各模具零件所属的类别并分析其加工路线。

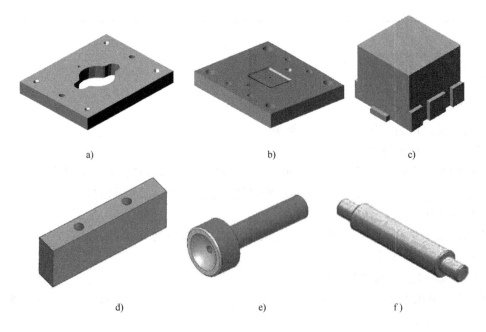

a)　　　　　　　　　　　b)　　　　　　　　　　　c)

d)　　　　　　　　　　　e)　　　　　　　　　　　f)

图 3-39　题 1 图

2. 请写出图 3-40 所示各模具零件的加工工艺流程。

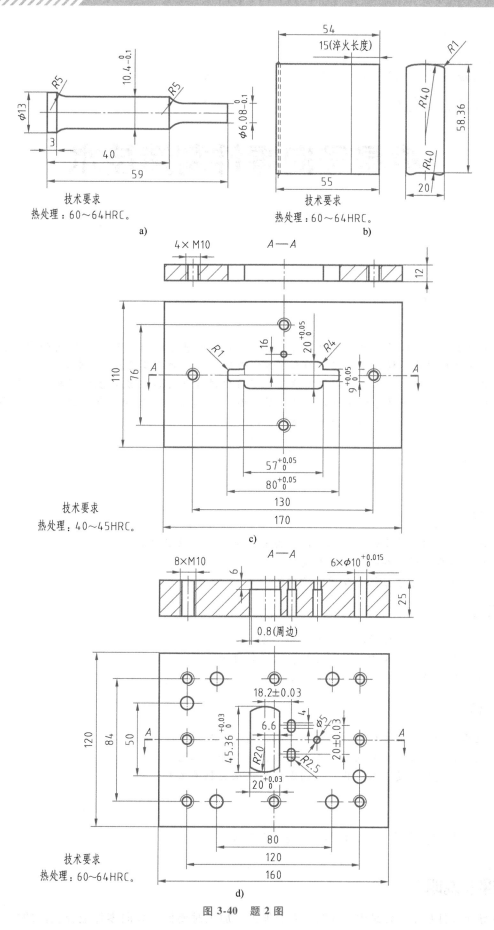

技术要求
热处理：60~64HRC。
a)

技术要求
热处理：60~64HRC。
b)

技术要求
热处理：40~45HRC。
c)

技术要求
热处理：60~64HRC。
d)

图3-40　题2图

模具导向零件制造技术

单元说明

　　本单元主要学习模具导向零件的作用、结构、分类和基本要求。通过本单元的学习，应能完成导柱、导套和滑块等模具导向零件加工方案的选择，以及加工工艺流程的制订。

　　本单元教学可与机加工实训教学相结合，有条件的学校可以组织学生参观模具制造企业，让学生了解企业里具体模具导向零件的生产制造过程，熟悉模具企业的安全生产要求，培养学生的质量意识、环保意识、安全意识和技能强国意识。

单元目标

素养目标

1. 培养学生的质量意识、环保意识、安全意识和技能强国意识。
2. 培养学生严谨、细心的工作态度。
3. 培养学生自主学习能力及团队协作能力。

知识目标

1. 熟悉模具导向零件的技术要求及加工方法。
2. 掌握典型模具导向零件加工工艺流程的制订方法。
3. 熟悉模具导向零件加工使用的机床、刀具、夹具、量具。

能力目标

1. 能正确分析模具导向零件的技术要求，明确其加工方法。
2. 能编制模具导向零件的加工工艺流程，填写加工工艺卡。
3. 能正确选用和使用加工模具导向零件的机床及相关工具。

课题一　熟悉模具导向零件及加工技术

课题说明

　　模具导向零件加工主要是内、外圆柱面的加工，加工时要保证导向零件配合表面的尺寸和形状精度，还要保证配合面之间同轴度的要求。通过本课题的学习，熟悉模具导向零件的技术要求和加工方法，为完成后续典型模具导向零件的制造奠定知识基础。

 相关知识

一、模具导向零件的技术要求

模具导向零件是指在组成模具的零件中，能够对模具运动零件的方向和位置起定位作用的零件。模具设置导向零件的目的主要是保证模具中相对运动零件的运动方向正确；当运动零件停止运动后，零件之间的相对位置准确。

模具导向零件主要有导柱、导套、滑块、导滑槽等。各种导柱的形状、大小各异，但其功能都是起导向作用的。

> 🔧 **【小提示】**
>
> 冲模导柱、导套执行的国家标准是：GB/T 2861.1—2008《冲模导向装置　第1部分：滑动导向导柱》、GB/T 2861.2—2008《冲模导向装置　第2部分：滚动导向导柱》、GB/T 2861.3—2008《冲模导向装置　第3部分：滑动导向导套》、GB/T 2861.4—2008《冲模导向装置　第4部分：滚动导向导套》。
>
> 塑料注射模导柱、导套执行的国家标准是：GB/T 4169.20—2006《塑料注射模零件　第20部分：拉杆导柱》、GB/T 4169.4—2006《塑料注射模零件　第4部分：带状导柱》、GB/T 4169.5—2006《塑料注射模零件　第5部分：带肩导柱》、GB/T 4169.2—2006《塑料注射模零件　第2部分：直导套》、GB/T 4169.3—2006《塑料注射模零件　第3部分：带头导套》。

常用导柱、导套、滑块的结构形式，如图4-1~图4-3所示，常见滑块的导滑形式如图4-4所示。

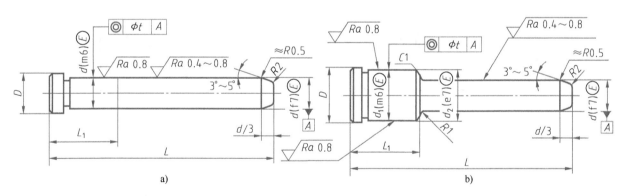

a)　　　　　　　　　　　　　　　　　b)

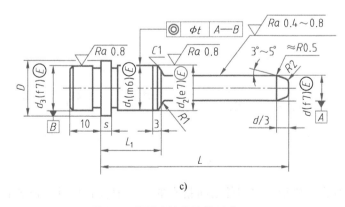

c)

图4-1　常用导柱的结构形式

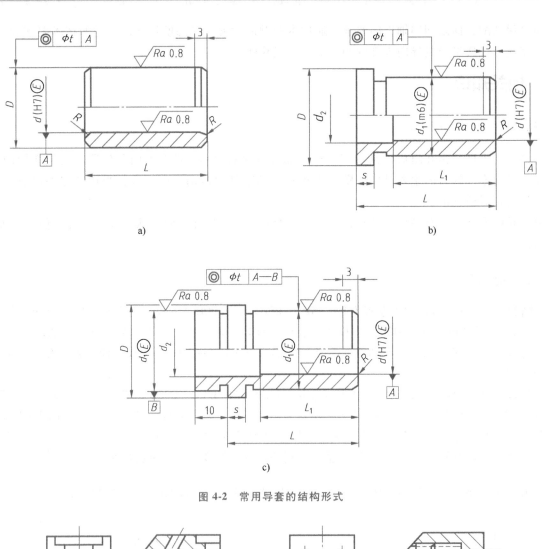

图 4-2　常用导套的结构形式

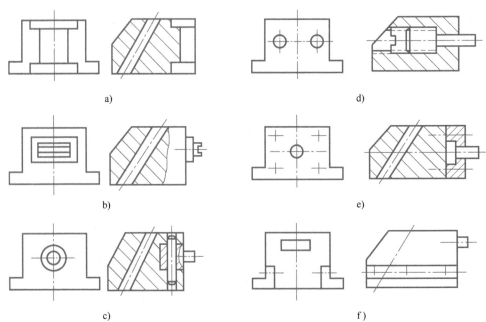

图 4-3　常用滑块的结构形式

模具运动零件的导向是借助导向零件之间精密的尺寸配合和相对的位置精度来保证的，所以应保证运动零件的相对位置准确以及在运动过程中平稳、无阻滞的运动。

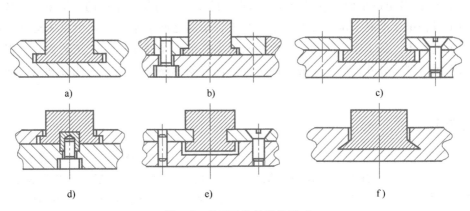

图 4-4　常见滑块的导滑形式

因此，对模具导向零件的要求是：配合表面必须进行精密加工，而且要有较好的耐磨性。一般配合表面，尺寸标准公差等级为 IT6，表面粗糙度值为 $Ra0.4 \sim 0.8 \mu m$；精密配合表面，尺寸标准公差等级为 IT5，表面粗糙度值为 $Ra0.1 \sim 0.2 \mu m$。常用导向零件的材料一般为 20、45、T8A、T10A 等。因其配合表面要求较好的耐磨性，表面硬度高达 56~60HRC，所以必须进行合适的热处理。

二、模具导向零件的加工方法

图 4-5 所示为注射模。其中，导柱 3 的主要表面为不同直径的同轴圆柱表面，导套 4 的主要表面是内、外圆柱表面。因此，可根据导柱和导套的结构尺寸和材料要求，直接选用适当尺寸的热轧圆钢为毛坯料。在机械加工过程中，除保证导柱、导套配合表面的尺寸和形状精度外，还要保证各配合表面之间的同轴度要求。导柱和导套的配合表面是容易磨损的表面，应有一定的硬度要求，在精加工之前要安排热处理工序，以达到要求的硬度。

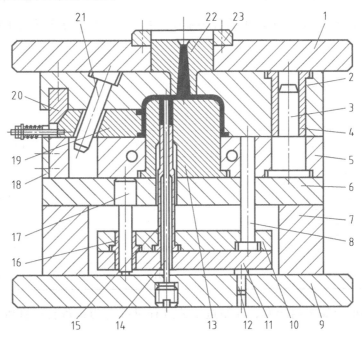

图 4-5　注射模

1—定模座板　2—凹模　3—导柱　4—导套　5—型芯固定板　6—支承板　7—垫板
8—复位杆　9—动模座板　10—推杆固定板　11—推板　12—限位钉　13—型芯
14—成形杆　15—推管　16—推板导套　17—推板导柱　18—限位块　19—侧型芯滑块
20—楔紧块　21—抽芯斜销　22—浇口套　23—定位圈

侧型芯滑块19的各组成平面中有平行度、垂直度的要求，对位置精度的保证主要是选择合理的定位基准。在加工过程中要准确定位，装夹可靠。对于各平面之间的平行度则由机床运动精度和合理装夹保证。在加工过程中，各工序之间的加工余量根据零件的大小及不同加工工艺而定，保证各平面的加工精度和表面粗糙度。另外，滑块作为导向零件，同样要求耐磨性好，因此必须进行热处理，以保证硬度要求。

【小提示】

导向零件主要加工面的技术要求较高，主要加工方法为车削、铣削、刨削和磨削等，广泛采用卧式车床、铣床、刨床、磨床等通用设备。加工过程中的工序划分、工艺方法和设备选用是根据生产类型、零件的形状、尺寸、结构，以及工厂设备技术状况等条件决定的。不同的生产条件采用的设备及工序划分也不尽相同。

1. 导柱加工方案的选择

常用导柱的加工方案见表4-1。

表4-1 常用导柱的加工方案

序号	加工方案	经济精度	表面粗糙度值 $Ra/\mu m$
1	粗车—半精车	IT10~IT11	3.2~6.3
2	粗车—半精车—精车	IT9	1.6~3.2
3	粗车—半精车—精车—细车	IT5~IT6	0.4~1.6
4	粗车—半精车—磨削	IT7~IT9	0.8~1.6
5	粗车—半精车—粗磨—精磨	IT6	0.4~0.8
6	粗车—半精车—粗磨—精磨—研磨	IT5~IT6	0.1~0.2

其中1、2、3加工方案适用于未淬硬的各种金属，4、5、6加工方案适用于加工质量要求高的各种硬度的钢制零件。

2. 导套加工方案的选择

常用导套内孔的加工方案见表4-2。

表4-2 常用导套内孔的加工方案

序号	加工方案	经济精度	表面粗糙度值 $Ra/\mu m$
1	钻孔—粗镗—半精镗	IT9	1.6~3.2
2	钻孔—粗镗—半精镗—磨削	IT7	0.4~1.6
3	钻孔—粗镗—半精镗—粗磨—精磨	IT7	0.4~0.8
4	钻孔—粗镗—半精镗—粗磨—精磨—研磨	IT6~IT7	0.012~0.2
5	钻孔—扩孔—粗铰—精铰	IT7	1.6~3.2

对于需经热处理的金属材料导套，其制造工艺过程可综合为：备料—粗加工—半精加工—热处理—精加工—光整加工。

3. 滑块加工方案的选择

由于滑块和斜滑块的导向表面及成形表面要求有较好的耐磨性和较高的硬度，所以材料一般选择工具钢或合金工具钢，然后经锻造制为毛坯。

常用滑块的加工方案见表4-3。

表 4-3　常用滑块的加工方案

序号	加工方案	经济精度	表面粗糙度值 Ra/μm
1	粗刨—粗磨	IT8~IT9	1.6~3.2
2	粗刨—半精刨	IT8~IT10	3.2~12.5
3	粗刨—半精刨—精刨	IT7~IT8	0.8~3.2
4	粗刨—精刨—精磨	IT6	0.2~1.6
5	粗铣—精铣	IT8~IT10	0.8~3.2
6	粗铣—精铣—粗磨—精磨	IT6~IT7	0.4~1.6
7	粗铣—精铣—粗磨—精磨—研磨	IT6~IT7	0.01~0.2

滑块的加工工艺过程为：锻造毛坯—退火—粗加工—半精加工—热处理—精加工—光整加工。

 想一想

1. 20、45、T8A、T10A 分别属于什么类型的材料？碳的质量分数分别是多少？
2. 模具导向零件的作用是什么？

学习评价

一、观察与评价

根据下表"观察点"列举的内容，进行学生自评和学生互评。"观察点"内容可视课堂实情及教学进度在教师引导下拓展。

观察点	学生自评			学生互评			教师评价		
	☺	😐	☹	☺	😐	☹	☺	😐	☹
熟悉模具导向零件的技术要求									
能根据零件图选择合适的加工方法									
课堂综合表现									

二、反思与探究

从学习过程和评价结果两方面反思，分析存在的问题并寻求解决的办法。

存在的问题	解决的办法

课题二　了解典型模具导向零件制造技术

 课题说明

通过本课题学习，能根据零件图正确选用内外圆柱面、套类零件的加工设备及加工方法，制订合适的加工工艺路线；能完成冲模的导柱、导套、滑块等模具导向零件的加工工艺路线制订。

 相关知识

一、模具导柱的制造技术

下面以图 4-6 所示导柱为例介绍导柱的制造过程。

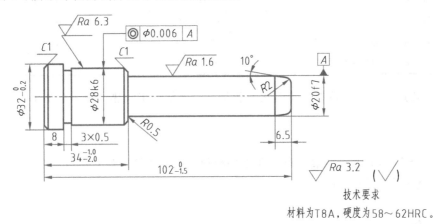

技术要求

材料为T8A，硬度为58～62HRC。

图 4-6 导柱

1. 零件图的结构分析

导柱由同轴不同直径的外圆、倒角、退刀槽组成，结构简单且结构工艺性很好。

2. 尺寸精度及技术要求分析

（1）尺寸和形状精度 导柱的配合表面 $\phi28$mm 的标准公差等级为 IT6，配合表面 $\phi20$mm 的标准公差等级为 IT7。

（2）位置精度 导柱上配合表面 $\phi28$k6 与 $\phi20$f7 的同轴度公差为 $\phi0.006$mm，精度要求较高。

（3）表面粗糙度 导柱上所有表面都为加工面，均有表面粗糙度要求，其中 $\phi20$f7 外圆表面粗糙度值最小，为 $Ra1.6\mu$m，外圆 $\phi28$k6 的表面粗糙度值为 6.3μm，其余表面的表面粗糙度值为 3.2μm。

3. 确定加工方案

由以上分析可以看出，导柱的主要加工面为 $\phi20$f7 外圆和 $\phi28$k6 外圆，由于其精度要求高，必须选择研磨才能达到精度要求。导柱的加工方案为：下料—粗加工—半精加工—热处理—精加工—光整加工。

4. 选择基准

导柱加工过程中，为保证各圆柱面之间的位置精度和均匀的磨削余量，对外圆的车削和磨削一般采用设计基准和工艺基准重合的两端中心孔定位，这样也可以使各主要工序的定位基准统一。因此，在对外圆柱面进行车削和磨削前，总是先加工中心孔。

两中心孔的形状精度和同轴度对加工精度有直接影响，为消除中心孔在热处理过程中可能产生的变形和其他缺陷，使磨削外圆柱面时能精确定位，保证外圆柱面的形状精度，导柱经热处理后应安排中心孔修正。

5. 毛坯的选择

导柱零件形状为阶梯轴，各段尺寸相差不大，且毛坯采用热轧圆钢，因此毛坯形状为圆柱体。为保证各道工序加工有足够的加工余量，取圆钢的尺寸为 $\phi35$mm×105mm。

6. 加工工艺过程卡的填写

确定加工工序尺寸及工序余量，填写加工工艺过程卡（表 4-4）。

表 4-4　导柱加工工艺过程卡

工序号	工序名称	工序内容	设备	夹具	刀具	量具
1	下料	按尺寸 ϕ35mm×105mm 切断	锯床	—	—	—
2	车端面、钻中心孔	车端面,保证长度 103.5mm	卧式车床	自定心卡盘	车刀、中心钻	游标卡尺
		钻中心孔				
		调头车端面,保证长度 102mm				
		钻中心孔				
3	车外圆	车外圆至 ϕ20.4mm×68mm、ϕ28.4mm×26mm 并倒角	卧式车床	自定心卡盘	车刀、车槽刀	游标卡尺
		车 3mm×0.5mm 槽至尺寸				
		车端部				
		调头车外圆至 ϕ32mm 并倒角				
4	检验	—	—	—	—	—
5	热处理	按热处理工艺进行,表面硬度 58~62HRC	—	—	—	—
6	研中心孔	研中心孔	卧式车床	自定心卡盘	硬质合金梅花棱顶尖	游标卡尺
		调头研另一端中心孔				
7	磨外圆	磨 ϕ28k6、ϕ20f7 外圆,留研磨量 0.01mm,并磨 10°角	外圆磨床	通用夹具	砂轮	千分尺、角度尺
		调头磨 ϕ32mm 外圆至尺寸				
8	研磨	研磨外圆 ϕ28k6、ϕ20f7 至要求尺寸	卧式车床	通用夹具	研磨环	千分尺、角度尺
		抛光 R2mm 和 10°角				
9	清洗	清洗、去毛刺	—	—	—	—
10	检验	—	—	—	—	—

【小提示】

1. 导柱加工过程中的定位

在加工导柱的过程中为保证各外圆柱面之间的位置精度和均匀的磨削余量,对外圆柱面的车削和磨削一般采用设计基准和工艺基准重合的两端中心孔定位。因此,在车削和磨削之前需先加工中心孔,为后继工序提供可靠的定位基准。

中心孔加工的形状精度对导柱的加工质量有着直接影响,特别是加工精度要求高的轴类零件。另外,保证中心孔与顶尖之间的良好配合也是非常重要的。导柱中心孔在热处理后须进行修正,以消除热处理变形和其他缺陷,以便磨削外圆柱面时能精确定位,保证外圆柱面的形状和位置精度。中心孔的钻削和修正是在车床、钻床或专用机床上按图样要求进行的。图 4-7 所示为在车床上修正中心孔示意图。用自定心卡盘夹持锥形砂轮,在被修正中心孔处加少许煤油或机油,手持工件,利用车床尾座顶尖进行支承,利用车床主轴的转动进行磨削。此方法的加工效率高、质量较好,但砂轮易磨损,需要经常修整。如果用锥形铸铁研磨头代替锥形砂轮,加研磨剂进行研磨,则加工出的中心孔可达到更高的精度。

采用图 4-8 所示的硬质合金梅花棱顶尖修正中心孔,效率高,但质量稍差,因此它一般用于大批量生产且要求不高的中心孔的修正。它是将硬质合金梅花棱顶尖装入车床或钻床的主轴孔内,利用机床尾座顶尖将工件压向硬质合金梅花棱顶尖,通过硬质合金梅花棱顶尖的挤压作用,修正中心孔的几何误差。

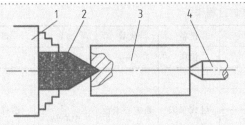

图 4-7 在车床上修正中心孔示意图
1—自定心卡盘 2—锥形砂轮 3—工件 4—尾座顶尖

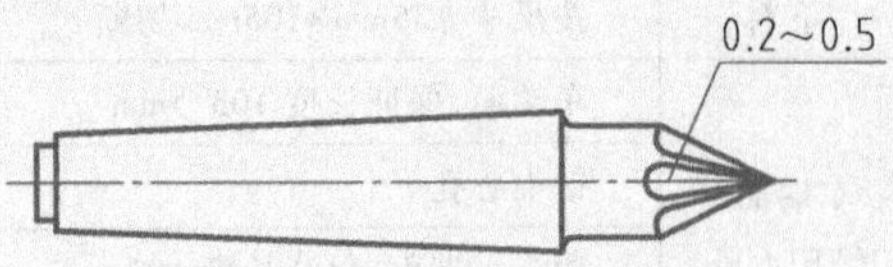

2. 导柱的研磨

导柱研磨一般可在卧式车床上进行,研磨时将工件表面涂上研磨剂,把研磨工具套在导柱被研磨表面上,利用拖板的往复运动和主轴的旋转运动进行研磨。图 4-9 所示为导柱研磨工具。

研磨工作压力:粗磨为 100~200kPa,精磨为 10~100kPa。

研磨速度:粗磨为 30~50m/min,精磨为 6~15m/min。

研磨余量:0.05~0.012mm。

研磨剂:氧化铝(俗称刚玉)或氧化铬与机油或煤油的混合物。

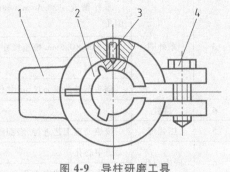

图 4-8 硬质合金梅花棱顶尖

图 4-9 导柱研磨工具
1—研磨架 2—研磨套
3—限定螺钉 4—调整螺钉

二、模具导套的制造技术

下面以图 4-10 所示导套为例介绍导套的制造过程。

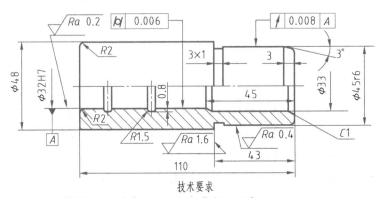

技术要求

材料为20钢,渗碳 0.8~1.2mm,热处理后硬度58~62HRC。

图 4-10 导套

1. 零件的结构分析

导套在模具中主要起导向作用,外圆 $\phi45r6$ 与模座 $\phi45H7$ 是配合面,导套孔 $\phi32H7$ 与导柱外圆 $\phi32r6$ 也有配合要求,在工作中必须保证导柱在导套内的上下运动平稳,无滞阻现象,同时要保证凸模和凹模在工作时有正确的相对位置,保证模具能正常工作。因此,导套表面的尺寸和形状精度要求在加工中必须满足技术要求,否则就不能保证在导柱、导套装配后模架活动部分的运动要求。另外,还要保证导柱、导套各自配合面之间的同轴度要求。

2. 尺寸精度和技术要求分析

1)导套外圆表面和内圆表面的尺寸精度要求分别是 $\phi45r6$、$\phi32H7$。

2)导套内圆 $\phi32H7$ 的圆柱度要求为 0.006mm。

3）导套外圆 $\phi45r6$ 表面对内孔 $\phi32H7$ 的轴线的径向圆跳动为 0.008mm。

4）导套外圆 $\phi45r6$ 表面粗糙度值为 $Ra0.4\mu m$，内孔 $\phi32H7$ 表面粗糙度值为 $Ra0.2\mu m$。

3. 确定加工方案

在加工过程中，除要保证导套配合表面的尺寸和形状精度外，还要保证内、外圆柱配合表面的同轴度要求。导套的内表面和导柱的外圆柱面为配合面，使用过程中运动频繁，为保证其耐磨性，需要有一定的硬度要求，所以导套在精加工前，要进行渗碳、淬火等热处理，以提高其硬度。

根据导套的尺寸精度和表面粗糙度要求，精度要求高的配合表面要采用磨削的方法进行精加工，以提高精度，且磨削加工应安排在热处理之后。精度要求不高的表面可以在热处理前车削到图样尺寸。

【小提示】

在不同的生产条件下，导套的制造所采用的加工方法和设备不同，制造工艺也不同。

导套加工过程中的定位要求：

（1）单件或小批量生产的导套　减少装夹次数，保证内、外圆柱配合表面的同轴度要求。

（2）批量生产同一尺寸的导套　先磨好内孔，然后将导套套装在专用小锥度磨削心轴上，如图4-11所示。以心轴两端中心孔定位，使定位基准与设计基准重合。

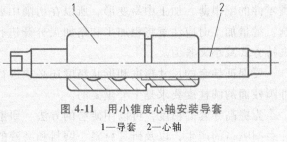

图 4-11　用小锥度心轴安装导套
1—导套　2—心轴

---

4. 毛坯选择

图 4-10 所示导套的材料为 20 钢，长度为 110mm，最大外圆直径为 48mm，所以可以直接选用适当尺寸的热轧圆钢为毛坯。为保证各道工序加工有足够的加工余量，取毛坯的尺寸为 $\phi52mm\times115mm$。

5. 确定加工方案

根据上述分析，导套的加工方案选择为：下料—粗加工—半精加工—热处理—精加工—光整加工。

6. 填写加工工艺过程卡

确定加工工序尺寸及工序余量，填写加工工艺过程卡（表4-5）。

表 4-5　导套加工工艺过程卡

工序号	工序名称	工序内容	设备	夹具	刀具	量具
1	下料	按尺寸 $\phi52mm\times115mm$ 切断	锯床	—	—	—
2	车外圆及内孔	车端面,保证长度 113mm 钻 $\phi32mm$ 孔至 $\phi30mm$ 车 $\phi45mm$ 外圆至 $\phi45.4mm$,倒角 车 3mm×1mm 退刀槽至尺寸 镗 $\phi32mm$ 孔至 $\phi31.6mm$ 镗油槽 镗 $\phi33mm$ 孔至尺寸,倒角	卧式车床	自定心卡盘	车刀、镗刀、钻头、车槽刀	游标卡尺
3	车外圆、倒角	车 $\phi48mm$ 外圆至尺寸 车端面,保证长度 110mm 倒内、外圆角	卧式车床	自定心卡盘	车刀	游标卡尺
4	检验	—	—	—	—	—
5	热处理	按热处理工艺进行,保证渗碳层深度 0.8~1.2mm、硬度 58~62HRC				

（续）

工序号	工序名称	工序内容	设备	夹具	刀具	量具
6	磨内、外圆	磨45mm外圆至图样要求	外圆磨床	通用夹具	砂轮	千分尺
		磨32mm内孔，留研磨量0.01mm				
7	研磨	研磨φ32mm孔至图样要求	卧式车床	通用夹具	研磨棒	千分尺
8	清洗	清洗、去毛刺	—	—	—	—
9	检验	—	—	—	—	—

7. 导套的加工工艺措施分析

导套零件内、外表面都要加工，内圆表面有圆柱度要求，外圆表面对内孔轴线有径向圆跳动要求，所以在车削加工过程中，第一次安装完成内、外表面的大部分加工内容，可以消除安装误差，并获得很高的相互位置精度。可以先加工外圆，再以外圆为精基准加工内孔。由于圆柱度和跳动公差小，可采用定心精度较高的夹具，如弹性膜片卡盘、塑性塑料夹头、经过研磨的自定心卡盘和软卡爪。导套类零件的壁很薄，加工中易变形，所以在切削中要注意夹紧力、切削力、内应力和切削热等因素的影响。批量加工时应注意将粗加工和精加工分开进行，应尽量减少加工余量，增加走刀次数，通过改变夹持方式减小夹紧力。

要保证导套的尺寸精度和形状精度还必须进行磨削，磨削导套时，正确选择定位基准，对保证内、外圆柱面的圆柱度要求是十分重要的。

为提高导套的精度，可以用研磨的方法。研磨导套和研磨导柱类似。在磨削和研磨导套过程中要注意喇叭口的产生，以及研具材料、磨料和磨液的选用。

磨削和研磨导套孔常见缺陷喇叭口（孔的尺寸两端大、中间小）产生的原因一般来自以下两方面。

（1）砂轮沿轴向超越长度大小　磨削内孔时砂轮完全处在孔内（图4-12中①位置），砂轮与孔壁的轴向接触长度最大，磨杆所受的径向推力也最大，由于刚度原因，它所产生的径向弯曲位移使磨削深度减小，孔径相应变小。当砂轮沿轴向往复运动到两端孔口部位时，砂轮必须超越两端面（图4-12中②和③位置）。超越的长度越大，则砂轮与孔壁的轴向接触长度越小，磨杆所受的径向推力越小，磨杆产生回弹，使孔径增

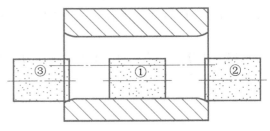

图4-12　磨孔时喇叭口的产生

大。要减小喇叭口，就要合理控制砂轮相对孔口端面的超越距离，以便使孔的加工精度达到规定的技术要求。

（2）研磨剂堆积　导柱和导套的研磨加工可以在专用的研磨机床上进行。单件小批量生产时，可以采用简单的导套研磨工具（图4-13），在卧式车床上进行研磨。将导套放在研磨工具上，并用手握住，做沿轴线方向的往复运动，由主轴带动研磨工具旋转，手握导套在研具上做往复直线运动，调节研具上的调整螺钉和螺母可以调整研磨导套的直径，以控制研磨量的大小。

研磨导套时出现喇叭口的原因是，研磨时工件的往复运动使研磨剂在孔口处堆积，在孔口处切削

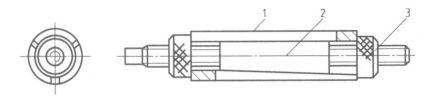

图4-13　导套研磨工具

1—研磨套　2—锥度心轴　3—调整螺母

作用增强。所以在研磨过程中应及时消除堆积在孔口处的研磨剂，以防止和减轻这种缺陷的产生。

研磨导柱和导套用的研磨套和研磨棒一般是由优质铸铁制造的，研磨剂用氧化铝或氧化铬（磨料）与机油或煤油（磨液）混合而成，磨料粒度一般在 F220～F800 范围内选用。按被研磨表面的尺寸大小和要求，一般导柱、导套的研磨余量为 0.01～0.02mm。

> ⚒ 【小提示】
>
> 导柱与导套的配用
> 导柱与导套的配用形式要根据模具的结构及生产要求而定。图 4-14 所示为导柱与导套的配用形式。

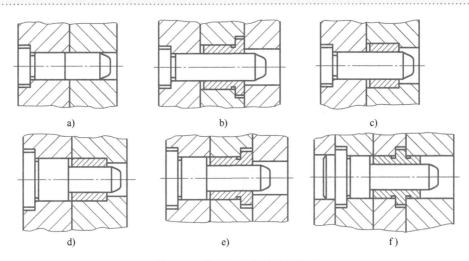

图 4-14　导柱与导套的配用形式

三、模具滑块的制造技术

滑块和斜滑块是塑料注射模、塑料压制模广泛使用的侧向抽型及分型导向零件，其主要作用是完成与开模方向基本垂直的侧向分型及抽芯导向工作。滑块和斜滑块的导向表面及成形表面要求有较好的耐磨性和较高的硬度，一般选择工具钢或合金工具钢，经锻造制为毛坯。

以图 4-15 所示组合式滑块为例介绍滑块的加工过程。

1. 零件的结构分析

该滑块的主要加工面为平面、内圆柱面、内螺纹和斜导柱孔，加工时要保证斜导柱孔及各平面的加工精度和表面粗糙度。另外，滑块的导轨和斜导柱孔要求耐磨性好，因此必须进行热处理，以保证硬度要求。

2. 尺寸精度和技术要求分析

1）斜导柱孔 $\phi20.8\pm0.2$mm 及上、下面，前后台阶面和槽 $16^{+0.034}_{+0.016}$mm 的上、下面的表面粗糙度值为 $Ra0.32\mu m$，2 个 $\phi6^{+0.022}_{+0.010}$mm 孔的表面粗糙度值为 $Ra0.63\mu m$，其余表面粗糙度值为 $Ra1.6\mu m$。

2）滑块上表面，高度 $8^{-0.013}_{-0.028}$mm 台阶平面与宽度为 $60^{-0.5}_{-0.8}$mm 底面的平行度要求为 0.025mm。

3）宽度 $48^{-0.025}_{-0.050}$mm 的两侧面与宽度为 $60^{-0.5}_{-0.8}$mm 底面的垂直度要求为 0.01mm。

3. 基准的选择

滑块各组成平面中有平行度、垂直度的要求，对位置精度的保证主要是选择合理的定位基准。图 4-15 所示的组合式滑块在加工过程中的定位基准是宽度为 60mm 的底面和与其垂直的侧面，这样在加工过程中可以准确定位，装夹方便、可靠。各平面之间的平行度则由机床运动精度和合理装夹来保证。

4. 确定加工方案

该滑块材料为 T8A，选用锻造毛坯。在加工过程中，各工序之间的加工余量根据零件的大小及不

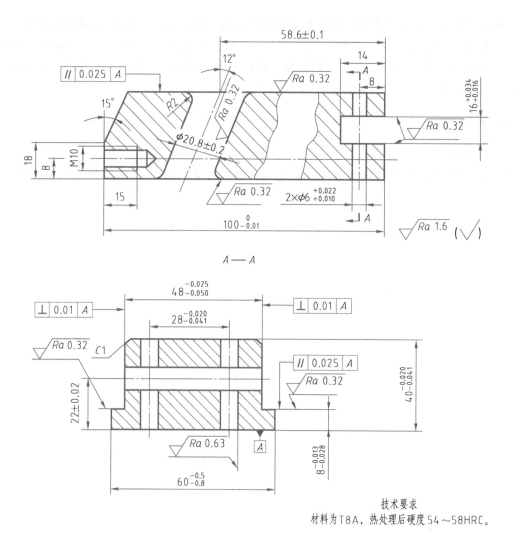

技术要求

材料为T8A，热处理后硬度54～58HRC。

图 4-15　组合式滑块

同加工工艺而定。经济合理的加工余量可查阅有关手册或按工序计算得出。为保证斜导柱内孔和模板导柱孔的同轴度，可装配模板后进行配作加工。内孔表面和斜导柱外圆表面为滑动接触，其表面粗糙度值要小，并且有一定的硬度要求，因此要对内孔进行研磨，以修正热处理变形，减小表面粗糙度值。斜导柱内孔的研磨方法与导套的研磨方法相似。

5. 填写加工工艺过程卡

确定加工工序尺寸及工序余量，填写加工工艺过程卡（表4-6）。

表 4-6　滑块加工工艺过程卡

工序号	工序名称	工序内容	设备	夹具	刀具	量具
1	下料	锻造毛坯	—	—	—	—
2	热处理	退火后硬度≤240HBW	—	—	—	—
3	刨平面	刨上、下平面,保证尺寸40.6mm 刨两侧面,尺寸60mm达图样要求 刨两侧面,保证尺寸48.6mm和导轨尺寸8mm 刨15°斜面,保证距底面尺寸18.4mm 刨两端面,保证尺寸101mm 刨两端面凹槽,保证尺寸15.8mm,槽深达图样要求	刨床	通用夹具	刨刀	游标卡尺

（续）

工序号	工序名称	工序内容	设备	夹具	刀具	量具
4	磨平面	磨上、下平面,保证尺寸 40.2mm 磨两端面至尺寸 100.2mm 磨两侧面,保证尺寸 48.2mm	平面磨床	通用夹具	砂轮	游标卡尺
5	钳工划线	划 φ20mm、M10、2×φ6mm 孔中心线 划端面凹槽线	—	—	—	—
6	钻孔、镗孔	钻孔、攻 M10 螺纹 钻 φ20.8mm 斜孔至 φ18mm,镗 φ20.8mm 斜孔至尺寸,留研磨余量 0.4mm 钻 2×φ6mm 孔至 φ5.9mm	立式铣床	通用夹具	钻头丝锥镗刀	—
7	检验	—	—	—	—	—
8	热处理	对导轨、15°斜面、φ20.8mm 内孔进行局部热处理,保证硬度为 54~58HRC	—	—	—	—
9	磨平面	磨上、下平面至尺寸要求 磨滑动导轨至尺寸要求 磨两侧面至尺寸要求 磨凹槽至尺寸要求 磨 15°斜角至尺寸要求 磨端面至尺寸要求	平面磨床	通用夹具	砂轮	千分尺
10	研磨内孔	研磨 φ20.8mm 斜孔至尺寸要求(可与模板配装研磨)	—	—	—	游标卡尺
11	钻孔、铰孔	与型芯配装后钻 2×φ6mm 孔并配铰孔	钻床	通用夹具	钻头、铰刀	千分尺
12	检验	—	—	—	—	—

【小提示】导滑槽的加工

　　导滑槽是滑块的导向装置,要求滑块在导滑槽内运动平稳,无上下窜动和卡死现象。导滑槽有整体式和组合式两种,结构比较简单,大多由平面组成,可采用刨削、铣削、磨削等方法进行加工。导滑槽的加工方案和工艺过程可参阅与板类零件和滑块加工的有关内容。在导滑槽和滑块的配合中,上下和左右方向上各有一对平面是间隙配合,它们的配合一般为 H7/f6 或 H8/f7,表面粗糙度值为 Ra0.63~1.25μm。导滑槽材料一般为 45、T8、T10 等,热处理硬度为 52~56HRC。

🖥 学习评价

一、观察与评价

　　根据下表"观察点"列举的内容,进行学生自评和学生互评。"观察点"内容可视课堂实情及教学进度在教师引导下拓展。

观察点	学生自评			学生互评			教师评价		
	☺	😐	☹	☺	😐	☹	☺	😐	☹
能看懂零件图,对零件进行工艺分析和工序设计									
能正确选择模具导向类零件加工使用的机床、刀具、夹具、量具,填写加工工艺过程卡									
课堂综合表现									

二、反思与探究

从学习过程和评价结果两方面反思，分析存在的问题并寻求解决的办法。

存在的问题	解决的办法

单元检测

一、填空题

1. 导向零件主要有_____、_____、_____、_____等。

2. 模具运动零件的导向，主要应保证：_____，以及_____。

3. 在导柱加工过程中，为保证各圆柱面之间的位置精度和均匀的磨削余量，对外圆的车削和磨削一般采用_____和_____重合的两端中心孔定位。

4. 滑块和斜滑块在模具中的主要作用是完成与开模方向基本垂直的_____导向工作。

二、简答题

1. 模具导向零件常用的材料有哪些？对其性能有哪些要求？

2. 20、45、T8A、T10A 分别属于什么类别的材料？其碳的质量分数分别是多少？

3. 模具导向零件的作用是什么？

单元五

模具板类零件制造技术

🔍 单元说明

本单元主要学习模具板类零件的技术要求及加工方法，掌握典型冲模和注射模板类零件加工工艺流程的制订方法。

本单元教学可以与机加工实训教学相结合，有条件的学校可以组织学生参观模具制造企业，让学生了解企业里具体模具零件的生产制造过程，熟悉模具企业的安全生产要求，培养学生的质量意识、环保意识、安全意识和技能强国意识。

🔍 单元目标

素养目标

1. 培养学生的创新意识和精益求精的工匠精神。
2. 培养学生的质量意识、环保意识、安全意识和技能强国意识。
3. 培养学生的团队协作能力和严谨细致的工作态度。

知识目标

1. 熟悉模具板类零件的技术要求和加工方法。
2. 掌握典型冲模和注射模板类零件的加工工艺制订方法。
3. 熟悉模具板类零件加工的机床、刀具、夹具、量具。

能力目标

1. 能正确分析模具板类零件技术要求，明确其加工方法。
2. 能完成模具板类零件平面和孔系加工路线的设计。
3. 能编制模具板类零件的加工工艺流程，填写加工工艺过程卡。
4. 能正确选用并使用加工模具板类零件的机床及相关工具。

课题一 熟悉模具板类零件及加工技术

 课题说明

模具板类零件加工主要包括平面和孔系的加工，通过本课题的学习，能根据加工精度正确选用加工平面和孔系的方法，并制订合适的加工工艺路线，为完成后续典型模具板类零件制造奠定知识基础。

 相关知识

一、模具板类零件的技术要求

冲模的模座、塑料模的动模座板和定模座板，以及各种固定板、套板、支承板、垫板、卸料板、推件板等均属于板类零件，其结构尺寸已标准化。在制造过程中，板类零件主要是进行平面加工和孔系加工。

板类零件的加工质量要求主要有以下几个方面：

（1）表面间的平行度和垂直度　为保证模具装配后各模板能够紧密贴合，对于不同功能和不同尺寸的模板，其平行度和垂直度均按 GB/T 1184—1996《形状和位置公差　未注公差值》执行。具体公差等级和公差数值应按 GB/T 2851—2008《冲模滑动导向模架》及 GB/T 12555—2006《塑料注射模模架》等加以确定。

（2）表面粗糙度和精度等级　一般模板平面的加工精度为 IT7~IT8，表面粗糙度值为 $Ra0.8~3.2\mu m$；对于平面为分型面的模板，加工精度为 IT6~IT7，表面粗糙度值为 $Ra0.4~1.6\mu m$。

（3）模板上各孔的精度、垂直度和孔间距的要求　常用模板各孔径的配合精度一般为 IT6~IT7，表面粗糙度值为 $Ra0.4~1.6\mu m$。对安装滑动导柱的模板，孔轴线与上下模板平面的垂直度要求为 4 级精度。模板上各孔之间的孔间距应保持一致，一般误差要求在±0.02mm 以内。

冲模模架由上模座、下模座、导柱、导套组成。上、下模座的形状基本相似，作用是直接或间接安装冲模的其他零件，分别与压力机滑块和工作台连接，并传递压力。为保证模架的装配要求，模架工作时上模座沿导柱上、下运动必须平稳，无阻滞现象，以保证模具能正常工作。

二、模具板类零件的加工方法

1. 模具板类零件的平面加工

平面是模具外形表面中最多的一种表面形式，其结构简单，但由于平面的用途广泛，如作为模具的安装基面、作为型腔表面的加工基准、作为模具零件之间的结合面等，因此除了要保证各平面自身的尺寸精度和平面度外，还要保证各相对平面的平行度及相邻表面的垂直度要求。

平面一般先采用牛头刨床、龙门铣床和立铣床进行刨削和铣削，去除毛坯上的大部分加工余量，然后通过平面磨削达到设计要求。表 5-1 所列为常见模具平面的加工方案。

表 5-1　常见模具平面的加工方案

序号	加工方法	经济精度（以公差等级表示）	表面粗糙度值 $Ra/\mu m$	适用范围
1	粗车	IT11~IT13	12.5~50	端面
2	粗车—半精车	IT8~IT10	3.2~6.3	
3	粗车—半精车—精车	IT7~IT8	0.8~1.6	
4	粗车—半精车—磨削	IT6~IT8	0.2~0.8	

（续）

序号	加工方法	经济精度 （以公差等级表示）	表面粗糙度值 $Ra/\mu m$	适用范围
5	粗刨（或粗铣）	IT11～IT13	6.3～25	一般不淬硬平面（端铣表面 粗糙度值较小）
6	粗刨（或粗铣）—精刨（或精铣）	IT8～IT10	1.6～6.3	
7	粗刨（或粗铣）—精刨（或精铣）—刮研	IT6～IT7	0.1～0.8	精度要求较高的不淬硬平 面，或加工批量较大时
8	宽刃精刨	IT7	0.2～0.8	
9	粗刨（或粗铣）—精刨（或精铣）—磨削	IT7	0.2～0.8	精度要求高的淬硬平面或不 淬硬平面
10	粗刨（或粗铣）—精刨（或精铣）—粗磨—精磨	IT6～IT7	0.025～0.4	
11	粗铣—拉削	IT7～IT9	0.2～0.8	大量生产，较小的平面（精度 视拉刀精度而定）
12	粗铣—精铣—磨削—研磨	IT5 以下	0.006～0.1	高精度平面

　　在模具零件的铣削加工中，应用最广的是立式铣床和万能工具铣床，其加工精度可达 IT10，表面粗糙度值为 $Ra1.6\mu m$。若选用高速铣床小用量铣削，则工件的加工精度可达 IT8，表面粗糙度值为 $Ra0.8\mu m$，铣削时，留 0.05mm 的修光余量，经钳工修光即可。当精度要求较高时，铣削加工仅作为中间工序，铣削后还要进行精加工。

　　大中型平面的加工可采用刨削来完成，中小型平面多采用牛头刨床，而大型零件则需用龙门刨床。刨削加工的精度可达 IT10，表面粗糙度值为 $Ra1.6\mu m$。牛头刨床主要用于平面与斜面的加工。

　　用平面磨床加工模具零件时，要求分型面与模具的上下面平行，同时还要保证分型面与有关平面之间的垂直度，加工时两平面的平行度小于 0.01：100，加工精度可达 IT5～IT6，表面粗糙度值为 $Ra0.2～0.4\mu m$。

　　2. 模具板类零件的孔系加工

　　一些模具零件中常带有一系列圆孔，如凸模、凹模固定板，上、下模座等，这些孔称为孔系。加工孔系时除要保证孔本身的尺寸精度外，还要保证孔与基准平面、孔与孔的距离尺寸精度，以及各平行孔的轴线平行度、各同轴孔的轴线同轴度、孔的轴线与基准平面的平行度和垂直度等。孔系加工一般是先加工基准平面，再加工所有的孔。

　　（1）同一零件的孔系加工方法

　　1）划线加工法。在加工过的工件表面上划出各孔的位置，并用样冲在各孔的中心处打样冲眼，然后在车床、钻床或镗床上按照划线逐个找正并进行孔加工。由于划线和找正都具有较大的误差，所以孔的位置精度较低，一般在 0.25～0.5mm 范围内，适用于相对精度要求不高的孔系加工。

　　2）找正加工法。在铣床等通用机床上，借助一些辅助装置来矫正各孔的正确位置，称为找正加工法，如图 5-1 所示。可用精密心轴和量块来找正孔的位置。将心轴分别插在机床主轴孔和已加工的孔

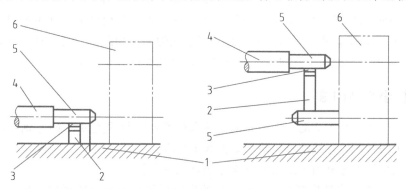

图 5-1　找正法加工

1—机床工作台　2—量块　3—塞规　4—机床主轴　5—心轴　6—工件

内，用量块来找正心轴，找正时要用塞规测量量块与心轴之间的间隙，不能使心轴直接接触量块，以免心轴发生变形而影响加工精度。找正加工法的设备简单，但生产率低，一般孔距精度可达 0.15mm。

3）坐标加工法。坐标加工法是将被加工各孔之间的距离尺寸换算成互相垂直的坐标尺寸，然后通过机床纵、横进给机构的移动确定孔的加工位置来进行加工的方法。在立铣床或镗床上，利用坐标加工法，孔的位置精度一般不超过 0.06~0.08mm。

4）坐标镗床加工法。坐标镗床是利用坐标加工法原理工作的一种高精度孔加工精密机床，主要用于加工零件各面上有精确孔距要求的孔，所加工的孔不仅具有很高的尺寸精度和几何精度，而且具有极高的孔距精度。孔的尺寸标准公差等级可达 IT6~IT7，表面粗糙度值取决于加工方法，一般可达 0.8μm，孔距精度可达 0.005~0.01mm。坐标镗床按布置形式的不同，分为立式单柱、立式双柱和卧式等。在模具零件加工中，常用立式坐标镗床。

（2）相关孔系的加工方法　模具零件中有些零件本身的孔距精度要求并不高，但相互之间的孔位要求必须高度一致，有些相关零件不仅孔距精度要求高，而且要求孔位一致，这些孔常用的加工方法如下：

1）同镗（合镗）加工法。对于上、下模座的导柱孔和导套孔，动、定模模座的导柱孔和导套孔及模座与固定板的销钉孔等，可以采用同镗加工法。同镗加工法是将孔位要求一致的两个或三个零件用夹钳装夹固定在一起，对同一孔位的孔同时进行加工，如图 5-2 所示。

2）配镗加工法。为保证模具零件的使用性能，许多模具零件都要进行热处理。热处理后零件会发生变形，破坏热处理前的孔位精度，如上模与下模中各对应孔的中心会发生偏斜等。这种情况可以采用配镗加工法进行加工，即加工某一零件时，不按图样的尺寸和公差进行加工，而是按与之有对应孔位要求的热处理后的零件实际孔位来配作。例如，将热处理后的凹膜放到坐标镗床上，实测出各孔的中心距，然后以此来加工未经热处理的凸模固定板上的各对应孔。配镗加工法可保证凹模和凸模固定板上各对应孔的同心度。

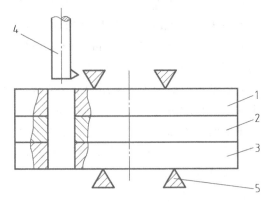

图 5-2　同镗（合镗）加工法
1、2、3—零件　4—钻头　5—夹钳

3）坐标磨削法。配镗加工法不能消除热处理对零件的影响，加工出的孔位绝对精度不高。为保证各相关件孔距的一致性和孔径精度，可以采用高精度坐标磨削法来消除淬火件的变形，保证孔距精度和孔径精度。

坐标磨削法和坐标镗床加工法的有关工艺步骤基本相同，均是按准确的坐标位置来保证加工尺寸精度的，坐标磨削法只是将镗刀改成了砂轮。坐标磨削法是一种高精度的加工工艺方法，主要用于淬火或高硬度工件的加工，对消除工件热处理变形、提高加工精度尤为重要。坐标磨削法加工范围较大，可以加工直径 1~200mm 的高精度孔，加工精度可达 5μm，表面粗糙度值可达 Ra0.32~0.08μm。坐标磨削法对于位置、尺寸精度和硬度要求高的多孔、多型孔的模板和凹模，是一种较理想的加工方法。

在坐标磨床上可进行各种加工，如内、外圆磨削，沉孔磨削和锥孔磨削等。

🔨 【小提示】坐标磨削法

坐标磨床能完成 3 种基本运动，即砂轮的高速自转运动、行星运动（砂轮轴线的圆周运动）和砂轮沿机床主轴轴线方向的直线往复运动，如图 5-3 所示。

在坐标磨床上采用坐标磨削法加工的基本方法有以下几种：

（1）内孔磨削　进行内孔磨削时，由于砂轮的直径受到孔径大小的限制，磨小孔时多取砂轮直径为孔径的 3/4 左右。砂轮高速回转（主运动）的线速度一般不超过 35m/s，行星运动（圆周进给）的速度大约是主运动线速度的 15%。行星运动速度慢将减小磨削量，但对加工表面的质量有好处。砂轮轴向往复运动（轴向进给）的速度与磨削的精度有关。粗磨时，行星运动每转 1 周，轴向往复运动的行程略小于砂轮高度的 2 倍；精磨时，轴向往复运动的行程应小于砂轮的高度，尤其在精加工结束时，要用很低的速度。

（2）外圆磨削　外圆磨削也是利用砂轮的高速自转、行星运动和轴向直线往复运动实现的，如图 5-4 所示。

（3）锥孔磨削　锥孔磨削是利用机床上的专门机构，使砂轮在轴向进给的同时连续改变行星运动的半径实现的，如图 5-5 所示，锥孔的锥顶角大小取决于两者的变化比值，一般磨削锥孔的最大锥顶角为 12°，磨削锥孔的砂轮应修正出相应的锥角。

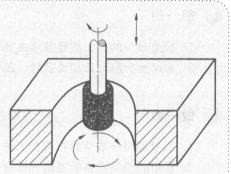

图 5-3　砂轮的三种基本运动

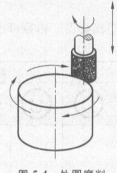

图 5-4　外圆磨削

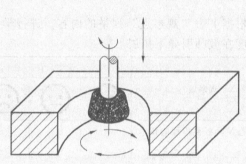

图 5-5　锥孔磨削

（4）综合磨削　将以上几种基本的磨削方法进行综合运用，可以对一些形状复杂的型孔进行磨削加工，如图 5-6 和图 5-7 所示。图 5-6 为磨削凹模型孔，在磨削时用回转工作台装夹工件，逐次找正工件回转中心与机床主轴轴线重合，磨出各段圆弧。

图 5-7 所示为利用磨槽附件对清角型孔轮廓进行磨削加工，磨削中 1、4、6 为采用成形砂轮进行磨削，2、3、5 为采用平形砂轮进行磨削。磨削中心处的圆弧时要使中心 O 与主轴线重合，操纵磨头来回摆动，磨削圆弧至要求的尺寸。

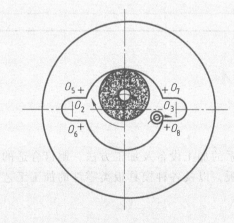

图 5-6　磨削凹模型孔

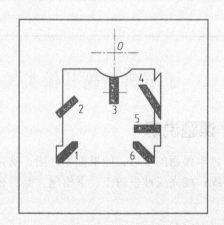

图 5-7　磨削清角型孔轮廓

此外，孔系还可采用数控机床、电火花线切割机床加工，加工精度可达 0.01mm；也可采用加工中心进行加工，工件一次装夹后可自动更换刀具，一次加工出多个孔。

想一想

1. 板类零件的加工质量要求主要有哪几个方面?
2. 采用坐标磨削法加工孔时,工件的找正与定位方法有哪些?

 做一做

1. 常用的同一零件的孔系加工方法有_____、_____、_____和_____。
2. 常用的相关孔系的加工方法有_____、_____和_____。

 学习评价

一、观察与评价

根据下表"观察点"列举的内容,进行学生自评和学生互评。"观察点"内容可视课堂实情及教学进度在教师引导下拓展。

观察点	学生自评			学生互评			教师评价		
	☺	😐	☹	☺	😐	☹	☺	😐	☹
熟悉模具板类零件的技术要求									
能根据零件图选择合适的加工方法									
课堂综合表现									

二、反思与探究

从学习过程和评价结果两方面反思,分析存在的问题并寻求解决的办法。

存在的问题	解决的办法

课题二　了解典型模具板类零件制造技术

课题说明

通过本课题的学习,能根据零件图正确选用平面、孔系的加工设备及加工方法,制订合适的加工工艺路线;能完成冲模的上、下模座,塑料模的动、定模板,以及各种模具板类零件的加工工艺路线的制订。

相关知识

一、冲模上、下模座的制造技术

冲模中板类零件包括冲模模座、垫板、凸凹模固定板、凹模板和卸料板等。模座用于安装冲模的凸凹模固定板和固定导柱、导套及模柄等零件；凸凹模固定板用于固定凸、凹模工作零件，通过导柱、导套导向来确保凸、凹模的相对位置，以确保冲压件达到技术要求；卸料板用于卸除条料或冲压件。

以下主要介绍冲模上、下模座的加工制造技术。

1. 冲模模座加工的基本要求

为保证模座工作时沿导柱上下移动平稳，无阻滞现象，模座上、下平面应保持平行。上、下模座的导柱、导套安装孔的孔间距应保持一致，孔的轴线与模座的上、下平面要垂直。

2. 冲模模座的加工原则

冲模模座的加工主要是平面加工和孔系加工。在加工过程中，为保证技术要求和加工方便，一般遵循"先面后孔"的原则。冲模模座的毛坯经过刨削或铣削加工后，再对平面进行磨削可以提高冲模模座平面的平面度和上、下平面的平行度，同时容易保证孔的垂直度要求。

> 🐾 **【小提示】**
>
> 冲模模座平面的加工可采用不同的加工方法，加工工艺方案不同，获得加工平面的精度也不同。具体方案要根据冲模模座的精度要求，结合工厂的生产条件等具体情况进行选择。

3. 冲模上、下模座的加工制造方法

上、下模座的结构形式较多，图5-8所示为垫片落料冲孔复合模的上、下模座。

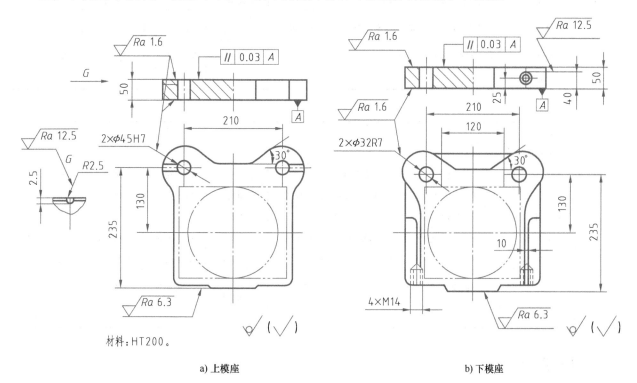

a) 上模座　　　　　　　　　　　b) 下模座

图5-8　垫片落料冲孔复合模的上、下模座

（1）零件的工艺性分析　该模座的主要加工面是上、下平面和模座的导柱、导套安装孔；次要加工表面是前部平面、螺纹孔、圆弧槽。模座的上、下平面的表面粗糙度值为 $Ra1.6\mu m$，平行度为 0.03mm，模座上孔的表面粗糙度值为 $1.6\mu m$。该模座的结构简单，工艺性较好。

（2）毛坯的选择　模座材料为HT200，毛坯为铸件，在小批生产类型下，由于模座的结构比较简单，所以采用木模手工造型的方法生产毛坯，铸件精度较低。

（3）定位基准的选择和工件装夹方式的确定　模座加工常用三个相互垂直的平面作为定位基准，有利于保证孔系和各平面间的相互位置精度，且定位准确可靠，夹具结构简单，工件装卸方便，生产中应用较广。另外，因毛坯精度较低，粗加工时采用划线找正装夹。

（4）主要表面加工方案的确定

1）上、下平面的表面粗糙度值为 $Ra1.6\mu m$，平行度为 0.03mm。

加工方案：粗刨/铣—半精刨/铣—粗磨。

模座的毛坯经过刨削或铣削加工后，再对平面进行磨削，可以提高模座平面的平面度和上、下平面的平行度，同时容易保证孔的垂直度要求。

2）$2\times\phi45H7$ 孔的表面粗糙度值为 $Ra1.6\mu m$，孔的直径较大，要求较高。

加工方案：钻—粗镗—半精镗—精镗。

（5）加工工艺过程卡填写　确定加工工序尺寸及工序余量，填写冲模上、下模座的加工工艺过程卡，见表 5-2 和表 5-3。

表 5-2　冲模上模座加工工艺过程卡

序号	名称	工序内容	机床	夹具	刀具	量具
1	下料	铸造毛坯	—	—	—	—
2	刨平面	刨上、下平面，保证尺寸 50.8mm	牛头刨床	通用夹具	刨刀	游标卡尺
3	磨平面	磨上、下平面，保证尺寸 50mm，保证平面度要求	平面磨床	通用夹具	砂轮	游标卡尺
4	钳工划线	划前部平面、导套孔线及螺纹孔线	钳台	—	—	游标卡尺
5	铣床加工	按划线铣前部平面	立式铣床	通用夹具	立铣刀	游标卡尺
6	钻孔	按划线钻导套孔至 $\phi43$mm	立式钻床	通用夹具	钻头	游标卡尺
7	镗孔	与下模座重叠，一起镗孔至 $\phi45H7$，保证垂直度	镗床或立式铣床	通用夹具	镗刀	千分尺
8	铣槽	按划线铣 $R2.5$mm 圆弧槽	卧式铣床	通用夹具	铣刀	游标卡尺
9	检验	—	—	—	—	千分尺

表 5-3　冲模下模座加工工艺过程卡

序号	名称	工序内容	机床	夹具	刀具	量具
1	下料	铸造毛坯	—	—	—	—
2	刨平面	刨上、下平面，保证尺寸 50.8mm	牛头刨床	通用夹具	刨刀	游标卡尺
3	磨平面	磨上、下平面，保证尺寸 50mm，保证平面度要求	平面磨床	通用夹具	砂轮	游标卡尺
4	钳工划线	划前部平面、导柱孔线及螺纹孔线	钳台	—	—	游标卡尺
5	铣床加工	按划线铣前部平面、铣两侧面至尺寸要求	立式铣床	通用夹具	立铣刀	游标卡尺
6	钻孔	按划线钻导柱孔至 $\phi43$mm，钻螺纹底孔，攻螺纹	立式钻床	通用夹具	钻头、丝锥	游标卡尺
7	镗孔	与上模座重叠，一起镗孔至 $\phi32R7$，保证垂直度	镗床或立式铣床	通用夹具	镗刀	千分尺
8	检验	—	—	—	—	千分尺

【小提示】

上、下模座孔的镗削加工，可根据加工要求和工厂的生产条件，在铣床或摇臂钻床等机床上采用坐标法或利用引导元件进行加工。为保证导柱、导套的孔间距离一致，在镗孔时经常将上、下模座重叠在一起，一次装夹同时镗出导柱和导套的安装孔。批量较大时，上、下模座孔可以在专用镗床、坐标镗床上进行加工；单件生产时，上、下模座孔可以用划线的方法找正孔的加工位置，进行加工。

二、塑料模动模板的制造技术

塑料模中的板类零件包括动、定模座板，动、定模板，支承板，推件板等。动、定模座板用于安装定位圈、浇口套等零件，此外还可作为注射模与注塑机的夹紧位置；动、定模板用于安装动、定模仁，以成型塑件；支承板用于承受塑料成型时的胀型力，支承动模板；推件板用于推出成型好的塑件。

以下主要介绍塑料模动模板的加工制造方法。

图 5-9 所示为一种塑料模动模板。按要求选择毛坯，确定主要平面、加工机床及加工方法。

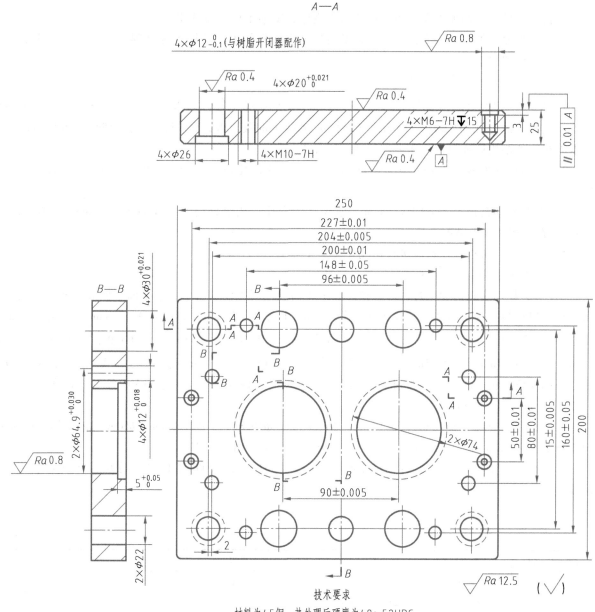

图 5-9　塑料模动模板

1. 零件的工艺分析

塑料模动模板的主要平面为上、下两个面及周围作为基准的四个直角平面，主要的孔为 4 个导柱（套）安装孔，孔系及孔与平面之间有较高的位置精度要求。

2. 毛坯的选择及热处理的安排

塑料模动模板材料为 45 钢，毛坯采用型材切割后锻造，锻造后退火消除锻造应力，在粗加工后须安排调质处理。

3. 加工工艺路线

板类零件的加工遵循"先主后次""基面先行""先面后孔"的原则。该塑料模动模板先加工上、下平面及作为基准的直角平面，然后以直角平面和上（下）面作为基准加工导柱（套）安装孔。该塑料模动模板的加工工艺路线是：上、下平面及四周平面等主要表面粗加工—上、下平面及四周平面等主要表面精加工—导柱（套）安装孔等主要孔的粗加工—导柱（套）安装孔等主要孔的精加工—螺孔及未注孔等次要表面的加工。

4. 平面加工设备及加工方法的确定

塑料模动模板平面加工设备为：粗加工用铣床，精加工用平面磨床。

上、下平面的加工方法为：粗加工、半精加工为铣削加工，精加工为磨削加工，以达到上、下平面的平行度误差要求。

5. 孔加工设备和加工方法的确定

1）塑料模动模板上 $4 \times \phi 20^{+0.021}_{0}$ mm、$4 \times \phi 30^{+0.021}_{0}$ mm 为导套安装孔，其中心距与其他模板须保持一致，孔距分别为（204±0.005）mm、（154±0.005）mm 及（96±0.005）mm、（154±0.005）mm，可在电火花线切割机床或数控铣床上进行钻、铰加工。

2）塑料模动模板上 $2 \times \phi 64.9^{+0.030}_{0}$ mm 为型芯安装孔，孔距为（96±0.005）mm，可在数控铣床上镗削。

3）塑料模动模板上 $4 \times \phi 12^{+0.018}_{0}$ mm 为复位杆配合孔，孔距分别为（200±0.01）mm、（80±0.01）mm，可在数控铣床上钻削及铰削。

4）其他螺孔可用普通钻床进行钻孔、攻螺纹加工。

6. 塑料模动模板的加工过程、刀具和量具的选择

1）塑料模动模板的加工过程为：铣上、下平面及四周平面—磨上、下平面及四周平面，做出基准角标记—以模板基准角为基准，找 $4 \times \phi 20^{+0.021}_{0}$ mm、$4 \times \phi 30^{+0.021}_{0}$ mm、$2 \times \phi 64.9^{+0.030}_{0}$ mm 孔中心及其他孔中心→钻、镗（铰）$4 \times \phi 12^{+0.018}_{0}$ mm、$4 \times \phi 20^{+0.021}_{0}$ mm、$4 \times \phi 30^{+0.021}_{0}$ mm、$2 \times \phi 64.9^{+0.030}_{0}$ mm 孔→扩 $4 \times \phi 26$ mm 及 $2 \times \phi 74$ mm 孔，深 5mm→以 $4 \times \phi 20^{+0.021}_{0}$ mm 或 $4 \times \phi 30^{+0.021}_{0}$ mm 孔为基准，找 $4 \times M6$ 和 $4 \times M10$ 孔中心→钻 $4 \times M6$ 和 $4 \times M10$ 螺纹底孔，分别为 $4 \times \phi 5.2$ mm、$4 \times \phi 8.5$ mm→攻 $4 \times M6$ 和 $4 \times M10$ 螺孔→精铰 $4 \times \phi 12^{0}_{-0.1}$ mm 孔，深 3mm。

2）刀具的选择：$\phi 5.2$ mm、$\phi 8.5$ mm、$\phi 11.8$ mm、$\phi 19.8$ mm、$\phi 29.8$ mm、$\phi 50$ mm 麻花钻，$\phi 26$ mm、$\phi 62$ mm、$\phi 74$ mm 扩孔钻，$\phi 12$ mm、$\phi 20$ mm、$\phi 30$ mm 铰刀，可调镗刀。

3）量具的选择：粗加工尺寸测量用游标卡尺，精加工尺寸测量用内径千分尺，螺纹测量用螺纹塞规。

7. 塑料模动模板加工工艺过程卡填写（表 5-4）。

表 5-4　塑料模动模板加工工艺过程卡

序号	名称	工序内容	机床	夹具	刀具	量具
1	下料	$\phi 105$ mm×185mm	锯床	—	—	—
2	锻	锻造,定尺寸 255mm×205mm×30mm	—	—	—	—
3	热处理	去应力退火	—	—	—	—
4	铣	铣上、下平面及四周平面,分别定尺寸 250.8mm、200.8mm、25.8mm	立式铣床	通用夹具	盘铣刀	游标卡尺
5	热处理	调质	—	—	—	—
6	磨	磨上、下平面及四周平面,定尺寸 250mm、200mm、25mm	磨床	通用夹具	砂轮	游标卡尺
7	铣	校平下平面,以模板基准角为基准 1）找 $4 \times \phi 20^{+0.021}_{0}$ mm、$4 \times \phi 30^{+0.021}_{0}$ mm、$2 \times \phi 64.9^{+0.030}_{0}$ mm 孔中心及其他孔中心	数控铣床	平口钳		
		2）钻 $4 \times \phi 12^{+0.018}_{0}$ mm 孔为 $4 \times \phi 11.8$ mm			$\phi 11.8$ mm 麻花钻	游标卡尺

（续）

序号	名称	工序内容	机床	夹具	刀具	量具
7	铣	3）铰 $4\times\phi12^{+0.018}_{0}$mm 孔	数控铣床	平口钳	$\phi12$mm 铰刀	内径千分尺
		4）钻 $4\times\phi20^{+0.021}_{0}$mm 孔为 $4\times\phi19.8$mm			$\phi19.8$mm 麻花钻	游标卡尺
		5）铰 $4\times\phi20^{+0.021}_{0}$mm 孔			$\phi20$mm 铰刀	内径千分尺
		6）钻 $4\times\phi30^{+0.021}_{0}$mm 孔为 $4\times\phi29.8$mm			$\phi29.8$mm 麻花钻	游标卡尺
		7）铰 $4\times\phi30^{+0.021}_{0}$mm 孔			$\phi30$mm 铰刀	内径千分尺
		8）钻 $2\times\phi64.9^{+0.030}_{0}$mm 孔为 $\phi50$mm			$\phi50$mm 麻花钻	游标卡尺
		9）扩 $2\times\phi64.9^{+0.030}_{0}$mm 孔为 $\phi62$mm			$\phi62$mm 扩孔钻	内径千分尺
		10）镗 $2\times\phi64.9^{+0.030}_{0}$mm 孔			镗刀	内径千分尺
		11）扩 $4\times\phi26$mm 及 $2\times\phi74$mm 孔，深 5mm			$\phi26$m 和 $\phi74$mm 扩孔钻	游标卡尺
		校平上表面，以模板基准角为基准 1）钻 $4\times M6$ 和 $4\times M10$ 螺纹底孔，分别为 $4\times\phi5.2$mm、$4\times\phi8.5$mm			$\phi5.2$mm 和 $\phi8.5$mm 麻花钻	游标卡尺
		2）攻 $4\times M6$ 和 $4\times M10$ 螺孔			M6 和 M10 丝锥	螺纹塞规
		3）精铰 $4\times\phi12^{0}_{-0.1}$mm 孔，深 3mm			$\phi12$mm 铰刀	内径千分尺
8	检验	—	—	—	—	—

 【小提示】

板类零件加工要特别注意预防弯曲变形。在粗加工后，若零件有弯曲变形，在磨削中电磁吸盘会把这种变形矫正过来，磨削后加工表面的这一形状误差又会恢复，为此在加工前应在电磁吸盘与板类零件间垫入适当厚度的垫片，再进行磨削。上、下两面用同样的方法交替磨削，可获得较高的平面度，若需要更高精度的平面，应采用刮研的方法加工。

学习评价

一、观察与评价

根据下表"观察点"列举的内容，进行学生自评和学生互评。"观察点"内容可视课堂实情及教学进度在教师引导下拓展。

观察点	学生自评			学生互评			教师评价		
	☺	😐	☹	☺	😐	☹	☺	😐	☹
能看懂零件图，对板类零件进行工艺分析和工序设计									
能正确选择模具板类零件加工使用的机床、刀具、夹具、量具，并填写加工工艺过程卡									
课堂综合表现									

二、反思与探究

从学习过程和评价结果两方面反思，分析存在的问题并寻求解决的办法。

存在的问题	解决的办法
、	

单元检测

一、填空题

1. 平面加工一般分_____、_____和_____三个加工阶段。

2. 塑料模动模板和冲模模座类零件的加工顺序应遵循_____、_____、_____原则。

3. 塑料模动模板材料为中碳钢，毛坯大多采用_____，在粗加工后须安排_____热处理；冲模模座材料为_____，采用_____毛坯，在粗加工前须安排_____热处理。

4. 塑料模动模板和冲模模座类零件用_____（刀具）粗加工平面，大多用_____（刀具）精加工平面；其上的孔常用_____（刀具）进行粗加工，接着用_____（刀具）进行半精加工，最后用_____或者_____（刀具）完成精加工。

二、判断题

1. 一般采用千分尺来测量工件的粗加工、半精加工尺寸。（　　）

2. 塑料模动模板先加工直角基准面及导柱（套）安装孔，后加工上、下表面。（　　）

3. 冲模模座导柱（套）安装孔一般采用上、下模座配作加工。（　　）

三、简答题

1. 冲模中有哪些板类零件？各自的作用是什么？

2. 塑料模中有哪些板类零件？各自的作用是什么？

单元六

模具装配技术

单元说明

通过本单元的学习，能进行冲模组件装配、总装及间隙调整，能进行塑料模组件的装配与修模，能正确制订模具装配工艺方案。

本单元教学过程中，可以使用模具装配虚拟仿真软件，让学生先在仿真软件上装配模具，更有利于熟悉模具装配过程，激发学习热情；熟悉装配过程后，在模具装配技术理论学习的基础上，教师组织学生到模具实训车间进行模具装配实操，让学生掌握模具的装配与调试过程。

单元目标

素养目标

1. 培养学生良好的团队合作意识和人际沟通能力。
2. 培养学生诚信、敬业、科学、严谨的工作态度。
3. 培养学生的产品意识、质量意识、节能环保意识、创新意识和创业精神。

知识目标

1. 掌握装配基本概念和装配工艺方法。
2. 掌握冲模和塑料模的装配工艺流程。
3. 熟悉模具的试模知识，掌握常用试模技术及整修技术。

能力目标

1. 能够制订典型冲模和塑料模的装配工艺流程。
2. 能安装和调试冲模，并对冲压样件进行检验。
3. 能安装和调试注射模，并对塑料样件进行检验。

课题一　熟悉模具装配

 课题说明

通过本课题的学习，了解模具装配的重要性，熟悉模具装配的组织形式及模具装配的工艺方法，强调人际沟通和团队合作意识，培养安全意识、标准意识等基本职业素养。

 相关知识

模具装配就是根据模具的结构特点和技术条件，以一定的装配顺序和方法，将符合图样技术要求的零件，经协调加工，组装成满足使用要求的模具的过程。因此，模具装配的质量直接影响制件的冲压质量，模具的使用、维修，以及模具的寿命。

模具装配的重要问题是：用什么样的组织形式及装配工艺方法来达到装配精度要求，以及如何根据装配精度要求来确定零件的制造公差，从而建立和分析装配尺寸链，确定经济合理的装配工艺方法和零件的制造公差。正确选择模具装配的组织形式和方法是保证模具装配质量和提高装配效率的有效措施。

一、模具装配的组织形式

根据产品的生产批量不同，模具装配过程可采用表 6-1 所列的不同组织形式。一般模具属于单件小批量生产，适合采用集中装配。完成装配的产品，应按装配图保证配合零件的配合精度、有关零件之间的位置精度要求、具有相对运动的零（部）件的运动精度要求和其他装配精度要求。

表 6-1 模具装配的组织形式

组织形式		特　点	应用范围
固定装配	集中装配	零件装配成部件或产品的全过程均在固定工作地点，由一组（或一个）工人来完成。对工人技术水平要求较高，生产面积大，装配周期长	单件和小批生产，装配高精度产品，调整工作较多时适用
	分散装配	把产品装配的全部工作分散为各种部件装配和总装配，分散在固定的工作地点完成，装配工人多，生产面积大，生产率高，装配周期短	成批生产
移动装配	产品按自由节拍移动	装配工序是分散的，每一组装配工人完成一定的装配工序，每一装配工序无固定的节拍。产品经传送工具按自由节拍(完成每一工序所需时间)送到下一工作地点，对装配工人的技术要求较低	大批生产
	产品按一定节拍周期性移动	装配的分工原则同产品按自由节拍移动组织形式，每一装配工序是按一定的节拍进行的。产品经传送工具按一定节拍周期性(断续)地送到下一工作地点，对装配工人的技术水平要求低	大批和大量生产
	按一定速度连续移动	装配分工原则同上。产品通过传送工具以一定速度移动，每一工序的装配工作必须在一定的时间内完成	大批和大量生产

二、模具装配的工艺方法

产品的装配方法是根据产品的产量和装配的精度要求等因素来确定的。一般情况下，产品的装配精度要求高，零件的精度要求也高。但是，根据生产的实际情况采用合理的装配方法，也可以用精度较低的零件来达到较高的装配精度。常用的装配方法如下：

1. 互换装配法

零件按规定公差加工后，不需要修理、选择和调整就能保证其装配精度的方法，称为互换装配法。产品采用互换装配法时，其装配精度主要取决于零件的加工精度，即通过控制零件的加工精度来保证产品的装配精度。

互换装配法可以简化装配工作过程，生产率高，有利于组织专业化生产，而且在维修设备时，零件的更换比较方便，但这种方法要求零件的加工精度较高，因此适用于批量生产中组成环较多而装配精度较低，或组成环少而装配精度较高的装配尺寸链中。例如大批量生产导柱与导套组成的冲模导向副，只要将导柱外圆直径和导套内孔直径的加工误差控制在互换性精度范围内，就可不进行修配、调整即可达到精度要求。

2. 分组互换装配法

在成批生产中，当产品的装配精度要求很高时，若采用互换装配法，零件加工精度较高，会导致加工困难或增加生产成本，这种情况下可采用分组互换装配法，即将零件按实测尺寸分组，装配时按组内进行互换装配，以达到装配精度。这样可将零件的制造公差扩大，便于加工，降低生产成本。

3. 修配装配法

在装配时修去指定零件上的预留修配量以达到装配精度的方法，称为修配装配法。这种装配方法在单件、小批生产中广泛采用。常见的修配装配法如下：

（1）按件修配法　按件修配法是在装配尺寸链的组成环中预先指定一个零件作为修配件（修配环），装配时再用切削加工改变该零件尺寸，以达到装配精度要求。

例如，图 6-1 所示的热固性塑料压模，装配后要求上、下型芯在 B 面上，凹模的上、下平面与固定板在 A、C 面上同时保持接触，为使零件的加工和装配简单，选凹模为修配环。在装配时，先完成上、下型芯与固定板的装配，并测量出上、下型芯与固定板的高度尺寸，按型芯的实际高度尺寸修磨 A、C 面。凹模的上、下平面在加工中应留适当的修配余量，其大小可根据生产经验和计算确定。

在按件修配法中，选定的修配件应是易于加工的零件，在装配时它的尺寸改变对其他尺寸链不致产生影响。由此可见，上例选凹模为修配环是恰当的。

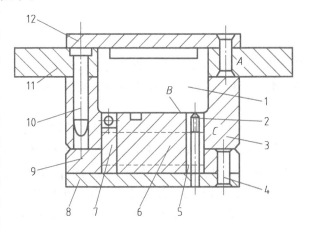

图 6-1　热固性塑料压模

1—上型芯　2—嵌件螺杆　3—凹模　4—铆钉
5、7—型芯拼块　6—下型芯　8、12—支承板
9—下固定板　10—导柱　11—上固定板

（2）合并加工修配法　合并加工修配法是先把两个或两个以上的零件装配在一起后，再进行机械加工，以达到装配精度要求。将零件组合后所得尺寸作为装配尺寸链的一个组成环，从而使尺寸链的组成环数减少，公差扩大，更容易保证装配精度。

例如，图 6-2 所示的凸模和固定板连接后，要求凸模的上端面和固定板的上平面共面。在加工凸模和固定板时，对尺寸 A_1、A_2 并不严格控制，而是将两者装配在一起磨削上平面，以保证装配要求。

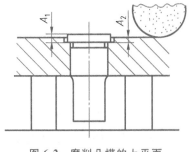

图 6-2　磨削凸模的上平面

4. 调整装配法

在装配时用改变产品中可调整零件的相对位置或选用合适的调整件以达到装配精度的方法，称为调整装配法。调整装配法一般常采用螺栓、斜面、挡环、垫片或连接件之间的间隙作为补偿环，经调节后达到封闭环要求的公差和极限偏差。

图 6-3a 所示为用螺钉调整件调整滚动轴承的配合间隙，转动螺钉可使轴承外环相对于内环做轴向运动，使外环、滚动体、内环之间保持适当的间隙。图 6-3b 所示为通过移动调整套筒的轴向位置，使间隙 N 达到装配精度要求。当间隙调整好后，用定位螺钉将套筒固定在机体上。

调整装配法在调整过程中不需要拆卸零件，比较方便，在机械制造中应用较广，在模具制造中也常用到。如冲模采用上出件时，顶件力的调整也常采用调整装配法。

三、模具的装配尺寸链

由于模具或其他机械产品大多由许多零件装配而成，所以零件的精度将直接影响产品的精度。当

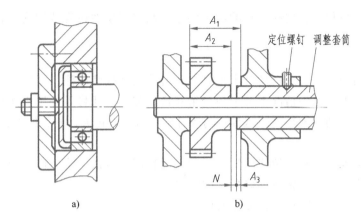

图 6-3　调整装配法

某项装配精度是由若干个零件的制造精度所决定时，就出现了误差累积。要分析产品有关组成零件的精度对装配精度的影响，就要用到装配尺寸链。

1. 装配尺寸链的概念

装配的精度要求与影响该精度的尺寸构成的尺寸链，称为装配尺寸链。图 6-4a 所示为车床尾座顶尖套筒的装配图。按设计要求，装配后应保证轴向间隙 A_Σ 不大于 0.5mm，以保证螺母在套筒内不产生过大的轴向窜动。A_Σ 直接受尺寸 $A_1 = 60^{+0.2}_{0}$mm、$A_2 = 57^{0}_{-0.2}$mm、$A_3 = 3^{0}_{-0.1}$mm 的影响。由 A_Σ、A_1、A_2、A_3 组成的尺寸链称为装配尺寸链，如图 6-4b 所示。要保证的装配精度要求 A_Σ 是尺寸链的封闭环。影响装配精度的零件尺寸 A_1、A_2、A_3 是尺寸链的组成环。研究装配尺寸链可以了解装配时零件的误差累积与产品装配精度间的关系，便于工艺人员正确判断零件的制造精度能否保证装配精度要求，或者在已知装配精度要求的情况下正确选择零件的制造公差。通过对装配尺寸链的分析，还可以帮助工艺人员合理选择装配方法，在一定的生产条件下使产品能经济、合理地达到装配精度要求。

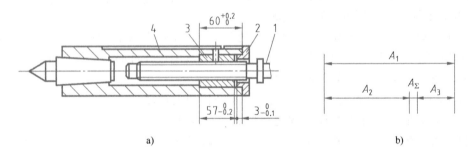

图 6-4　车床尾座顶尖套筒的装配图和装配尺寸链

1—丝杠　2—端盖　3—螺母　4—套筒

2. 用极值法解装配尺寸链

装配尺寸链的极值解法与工艺尺寸链的极值解法相类似。以图 6-4 所示的车床尾座顶尖套筒为例，用尺寸链的极值解法，按图上标注的尺寸判断这些零件装配后能否保证装配的精度要求。

在图 6-4b 所示的尺寸链中，A_1 是增环，A_2、A_3 是减环。在该尺寸链中，已知各组成环的尺寸及偏差，需要计算封闭环的尺寸及偏差。

$$A_\Sigma = A_1 - A_2 - A_3 = 0$$
$$ESA_\Sigma = [0.2 - (-0.2) - (-0.1)]\,mm = 0.5mm$$
$$EIA_\Sigma = 0$$

封闭环的尺寸及偏差 $A_\Sigma = 0^{+0.5}_{0}$mm，所以该零件按图样尺寸及偏差加工，装配后能保证配合间隙 A_Σ 不大于 0.5mm，满足图样规定的要求。

用极值法解装配尺寸链是以尺寸链中各环的极限尺寸来进行计算的，但未充分考虑零件尺寸的分布规律，当装配精度要求较高或装配尺寸链的组成环数较多时，计算出各组成环的公差过于严格，增加了加工和装配的困难，甚至用现有工艺方法很难达到，故在大批大量生产的情况下应采用概率法解装配尺寸链。

 想一想

1. 装配的组织形式有哪些？模具应该采用哪种装配形式？
2. 什么是装配尺寸链？分析装配尺寸链对模具装配有何意义？

 学习评价

一、观察与评价

根据下表"观察点"列举的内容，进行学生自评和学生互评。"观察点"内容可视课堂实情及教学进度在教师引导下拓展。

观察点	学生自评			学生互评			教师评价		
	☺	😐	☹	☺	😐	☹	☺	😐	☹
熟悉装配的组织形式									
掌握模具装配的工艺方法									
熟悉模具装配工艺尺寸链的相关知识									
课堂综合表现									

二、反思与探究

从学习过程和评价结果两方面反思，分析存在的问题并寻求解决的办法。

存在的问题	解决的办法

课题二　了解冲模装配技术

 课题说明

通过本课题的学习，熟悉冲模的装配方法，主要内容包括模架的装配凸、凹模的装配，并且能够在装配后进行间隙调整，以及对冲模进行装配与调试，培养学生精益求精的工匠精神，强调安全意识、团队协作意识。

相关知识

冲模主要包括冲裁模、弯曲模、拉深模、成形模和冷挤压模等。冲模的装配，就是按照图样要求，将各个零件、组件通过定位和固定连接在一起，确定各自位置，达到装配技术要求，并保证冲压出合格的制件。

下面以图 6-5 所示的冲裁模为例来说明冲模的装配方法。

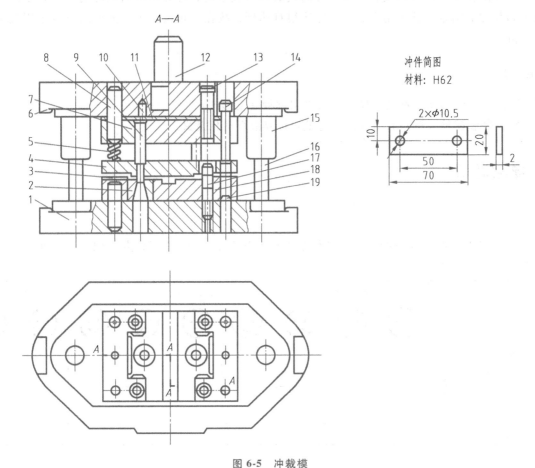

冲件简图
材料：H62

图 6-5 冲裁模

1—下模座 2—凹模 3—定位板 4—卸料板 5—弹簧 6—上模座 7、18—固定板
8、10、19—销 9—凸模 11—垫板 12—模柄 13、17—螺钉 14—卸料螺钉 15—导套 16—导柱

一、模架的装配

1. 模柄的装配

模柄装配在上模座中，主要用来保持模具与压力机滑块的连接。常用的模柄有压入式和旋入式两种。

（1）压入式模柄的装配 压入式模柄与上模座的配合为 H7/m6，在装配凸模固定板和垫板之前，应先将模柄压入上模座内，如图 6-6a 所示。然后用直角尺检查模柄圆柱面和上模座的垂直度误差是否

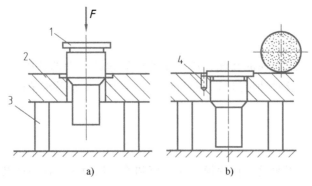

图 6-6 压入式模柄的装配与磨平

1—模柄 2—上模座 3—等高垫铁 4—骑缝销（或螺钉）

小于0.05mm。检查合格后，再加工骑缝销孔（或螺纹孔），装入骑缝销（或螺钉）并紧固，最后将端面在平面磨床上磨平，如图6-6b所示。该种模柄结构简单，安装方便，应用较广泛。

（2）旋入式模柄的装配　旋入式模柄通过螺纹直接旋入模板上而固定，用紧固螺钉防松，装卸方便，多用于一般冲模。

2. 导柱和导套的装配

图6-5中，冲模的导柱、导套与上、下模座均采用压入式连接。导套、导柱与上、下模座的配合分别为H7/r6和R7/r6，压入时要注意找正导柱对模座底面的距离，应不小于2mm。

导套的装配如图6-7所示，将上模座反置套在导柱上，再套上导套，用千分表检查导套配合部分内、外圆柱面的同轴度，使同轴度的最大偏差Δ_{max}处在导柱中心连线的垂直方向，如图6-7a所示。用帽形垫块放在导套上，将导套的一部分压入上模座，取走下模座，继续将导套的配合部分全部压入，如图6-7b所示。这样装配可以减小由于导套内、外圆不同轴而引起的孔中心距变化对模具运动性能的影响。

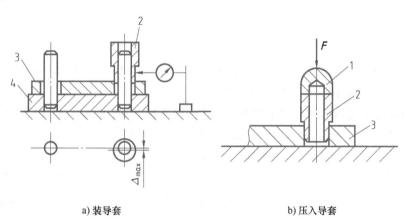

a) 装导套　　　　　　　　　　　　　b) 压入导套

图6-7　导套的装配

1—帽形垫块　2—导套　3—上模座　4—下模座

【小提示】

1）导柱和导套装配后，其轴线应分别垂直于下模座的底平面和上模座的上平面，其垂直度误差应符合表6-2的规定。

2）上模座的上平面应与下模座的底平面平行，其平行度误差应符合表6-2的规定。

表6-2　模架分级技术指标

检查项目	被测尺寸/mm	精度等级	
		0Ⅰ级、Ⅰ级	0Ⅱ级、Ⅱ级+
		公差等级	
上模座上平面对下模座下平面的平行度	≤400	5	6
	>400	6	7
导柱轴线对下模座下平面的垂直度	≤160	4	5
	>160	5	6

注：公差等级按GB/T 1184—1996。

3）装入模架的每对导柱和导套的配合间隙值（或过盈量）应符合表6-3的规定。

表 6-3 导柱和导套间的配合要求

配合形式	导柱直径/mm	符合精度		配合后的过盈量/mm
		H6/h5（Ⅰ级）	H7/h6（Ⅱ级）	
		配合后的间隙值/mm		
滑动配合	≤18	≤0.01	≤0.015	—
	18~25	≤0.011	≤0.017	
	25~50	≤0.014	≤0.021	
	50~80	≤0.016	≤0.025	
滚动配合	18~35	—	—	0.01~0.02

4）在保证使用质量的前提下，允许采用新工艺方法（如环氧树脂粘接、低熔点合金焊接）固定导柱和导套，零件结构尺寸允许有相应变动。

二、凸模和凹模的装配

图 6-5 中的凹模为组合式结构，凹模与固定板的配合常采用 H7/n6 或 H7/m6。总装前应先将凹模压入固定板内，在平面磨床上将上、下平面磨平。

图 6-5 中的凸模与固定板的配合常采用 H7/n6 或 H7/m6。凸模装入固定板后，其固定端的端面应与固定板的支承面处于同一平面内。凸模应与固定板的支承面垂直，其垂直度公差等级见表 6-4。

表 6-4 凸模垂直度公差等级

间隙值	垂直度公差等级	
	单凸模	多凸模
薄料、无间隙（≤0.02）	5	6
>0.02~0.06	6	7
>0.06	7	8

注：间隙值指凸模、凹模间隙的允许范围。

装配时，在压力机上调整好凸模与固定板的垂直度，将凸模压入固定板内，如图 6-8 所示。凸模对固定板支承面的垂直度经检查合格后用锤子和錾子将凸模的上端铆合，并在平面磨床上将凸模的上端面和固定板一起磨平，如图 6-9a 所示。为保持凸模的刃口锋利，应以固定板的支承面定位，将凸模工作端的端面磨平，如图 6-9b 所示。

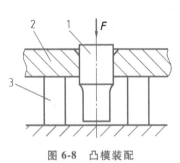

图 6-8 凸模装配

1—凸模 2—固定板 3—等高垫铁

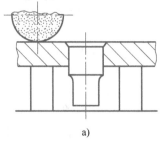

a)   b)

图 6-9 磨支承面

固定端带台肩的凸模如图 6-10 所示，其装配过程与铆合固定的凸模基本相似。压入时应保证端面 C 和固定板上的沉孔底面均匀贴合，否则会因受力不均引起台肩断裂。

要在固定板上压入多个凸模时，一般应先压入容易定位和便于作为其他凸模安装基准的凸模。凡较难定位或要依赖其他零件通过一定工艺方法才能定位的，应后压入。

在实际生产中，凸模有多种结构，为使凸模在装配时能顺利进入固定孔，应将凸模压入时的起始部位加工出适当的小圆角、小锥度或在 3mm 长度内将其直径磨小 0.03mm 左右作为引导部。当凸模不允许有引导部时，可在凸模固定孔的入口部位加工斜度约为 1°、高度小于 5mm 的导入部。对无凸肩凸模，可从凸模的固定端将其压入固定板内。

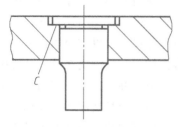

图 6-10　固定端带台肩的凸模

【拓展知识】

凸、凹模的固定方法（请扫描二维码）。

凸、凹模的
固定方法

三、凸模和凹模装配后间隙的调整

在模具装配时，保证凸、凹模之间的配合间隙均匀非常重要。配合间隙是否均匀，不仅直接影响制件的质量，还影响模具的使用寿命。调整凸、凹模配合间隙的方法如下：

1. 透光调整法

透光调整法是先将模具的上模部分和下模部分分别装配，螺钉不要紧固，定位销暂不装配。再将等高垫铁放在固定板与凹模之间，并用平行夹头夹紧。接着用手持电灯或电筒照射，从漏料孔观察透光情况，确定间隙是否均匀并调整至合适，然后紧固螺钉和装配定位销。经固定后的模具，要用与板料厚度相同的纸片进行试冲。如果样件四周毛刺较小且均匀，则配合间隙调整合适；如果样件某段毛刺较大，说明间隙不均匀，应重新调整至合适为止。

2. 测量法

测量法是先将凸模插入凹模型孔内，用塞尺检查凸、凹模四周配合间隙是否均匀。然后根据检查结果调整凸、凹模的相对位置，使各部分间隙均匀。测量法适用于配合间隙（单边）在 0.02mm 以上的模具。

3. 垫片法

垫片法是根据凸、凹模配合间隙的大小，在凸、凹模配合间隙内垫入厚度均匀的纸片或金属片来调整凸、凹模的相对位置，以保证配合间隙均匀，如图 6-11 所示。

4. 涂层法

涂层法是在凸模上涂一层磁漆或氨基醇酸绝缘漆等涂料，其厚度等于凸、凹模的单边配合间隙。再调整凸模相对位置，插入凹模型孔，以获得均匀的配合间隙。涂层法适用于小间隙冲模的调整。

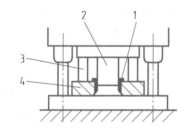

图 6-11　用垫片法调整凹模配合间隙
1—垫片　2—凸模　3—等高垫铁　4—凹模

5. 镀铜法

镀铜法是在凸模工作端镀一层厚度等于单边配合间隙的铜，使凸、凹模装配后的配合间隙均匀。镀层在模具装配后不必去除，在使用过程中会自行脱落。

四、冲模的装配与调试

冲模的装配包括组件装配和总装配。在装配时，首先确定装配基准件，然后按照零件之间的相互关系确定装配顺序，编制装配工艺过程，填写加工工艺过程卡，完成总装配工艺，最后进行试冲。

1. 组件装配

装配模具时，为方便将上、下两部分的工作零件调整到正确位置，使凸、凹模具有均匀的间隙，应正确安排上、下模的装配顺序。

在组成模具实体的零件中，有些零件在制造过程中是按照图样标注的尺寸和公差独立加工的，如落料凹模、冲孔凸模、导柱、导套、模柄等，这类零件一般直接进行装配；有些零件在制造过程中只有部分尺寸可以按照图样标注尺寸进行加工，需要协调相关尺寸；有些零件在进入装配前需要配制或合体加工，或需要在装配过程中通过配制取得协调，图样上标注的这部分尺寸只作为参考，如模座的导套或导柱固定孔，多凸模固定板上的凸模固定孔，需连接固定在一起的板件螺栓孔、销钉孔等。

因此模具装配适合采用集中装配，在装配工艺上，多采用修配法和调整修配法来保证装配精度，从而实现用精度不高的组成零件，达到较高的装配精度，降低零件加工要求。

【小提示】

装配技术要求

1）模架精度应符合 GB/T 12555—2006《塑料注射模模架》、GB/T 12556—2006《塑料注射模模架技术条件》、GB/T 4170—2006《塑料注射模零件技术条件》、JB/T 8050—2020《冲模 模架 技术条件》、JB/T 8071—2008《冲模模架精度检查》等规定。模具的闭合高度应符合图样要求。

2）装配好的冲模，上模沿导柱上下滑动应平稳可靠。

3）凸凹模间的间隙应符合图样要求，分布均匀；凸模和凹模的工作行程应符合技术条件的规定。

4）定位和导料装置的相对位置应符合图样要求。冲模导料板之间的距离应与图样一致，导料面应与凹模进料方向的中心线平行，带侧压装置的导料板及侧压板应滑动灵活，工作可靠。

5）卸料和顶件装置的相对位置应符合技术要求，工作面不允许有倾斜或单边偏摆，以保证制件或废料能及时卸下和顺利顶出。

6）紧固件装配应可靠，螺栓旋入长度在钢件连接时应不小于螺栓的直径，铸件连接时应不小于1.5倍螺栓直径；销与每个零件的配合长度应大于1.5倍销直径；销的端面不应露出上、下模座等零件的表面。

7）落料孔或出料槽应畅通无阻，保证制件或废料能自由排出。

8）标准件应能互换，紧固螺钉和定位销与其孔的配合应正常良好。

9）模具在压力机上的安装尺寸应符合选用设备的要求，起吊零件应安全可靠。

10）模具应在生产条件下进行试验，冲出的制件应符合设计要求。

---

2. 冲模装配顺序的确定

（1）无导向装置的冲模　这类模具的上、下模相对位置是在压力机上安装时调整的，工作过程中由压力机的导轨精度来保证，因此装配时上、下模可以独立进行，彼此基本无关。

（2）有导柱的单工序模　这类模具的装配相对简单，如果模具结构是凹模安装在下模座上，则一般先将凹模安装在下模上，再将凸模与凸模固定板装在一起，然后依据下模装配上模。

（3）有导柱的级进模　通常有导柱的级进模（也称连续模）以凹模作为装配基准件（如果凹模是镶拼式结构，应先组装镶拼式凹模），先将凹模装配在下模座上，凸模与凸模固定板装在一起，再以凹模为基准，调整好间隙，将凸模固定板安装在上模座上，最后经试冲合格后，钻铰定位销孔。

（4）有导柱的复合模　这类模具的结构紧凑，模具零件加工精度较高，模具装配的难度较大，特别是装配有同轴度要求的模具更是如此。有导柱的复合模属于单工位模具，其装配顺序和装配方法相当于在同一工位上先装配冲孔模，然后以冲孔模为基准，再装配落料模。基于此原理，装配有导柱的复合模应遵循以下原则：

1）复合模装配应以凸凹模作为装配基准件，先将装有凸凹模的固定板用螺栓和销安装、固定在指定模座的相应位置上；再调整冲孔凸模固定板的相对位置，使冲孔凸、凹模间的间隙趋于均匀后用螺栓固定；然后以凸凹模的外形为基准，装配、调整落料凹模相对凸凹模的位置，调整间隙应用螺栓固定好。

2）试冲无误后，将冲孔凸模固定板和落料凹模分别用定位销定位，同一模座经钻铰和配钻、配铰销孔后，打入销定位。

3. 总装配

如图 6-5 所示，冲裁模在完成模架和凸、凹模装配后可进行总装，该模具适宜先安装下模，其装配顺序如下：

1）把组装好凹模的固定板安放在下模座上，按中心线找正固定板 18 的位置，用平行夹头夹紧，通过螺钉孔在下模座上钻出锥窝。拆去凹模固定板，在下模座上按锥窝钻螺纹底孔并攻螺纹。再重新将凹模固定板置于下模座上找正，用螺钉紧固。钻、铰销孔，打入销定位。

2）在组装好凹模的固定板上安装定位板。

3）配钻卸料螺钉孔。将卸料板 4 套在已装入固定板的凸模 9 上，在固定板与卸料板 4 之间垫入适当高度的等高垫铁，并用平行夹头将其夹紧。按卸料板上的螺孔在固定板上钻出锥窝，拆开后按锥窝钻固定板上的卸料螺钉孔。

4）将已装入固定板的凸模 9 插入凹模的型孔中。在凹模 2 与固定板 7 之间垫入适当高度的等高垫铁，将垫板 11 放在固定板 7 上，装上模座，用平行夹头将上模座 6 和固定板 7 夹紧。通过凸模固定板在上模座上钻锥窝，拆开后按锥窝钻孔，然后用螺钉将上模座、垫板、凸模固定板稍加紧固。

5）调整凸、凹模的配合间隙。将装好的上模部分套在导柱上，用锤子轻轻敲击固定板 7 的侧面，使凸模插入凹模的型孔，再将模具翻转，从下模板的漏料孔观察凸、凹模的配合间隙。用锤子敲击凸模固定板 7 的侧面进行调整，使配合间隙均匀。为便于观察，可用手电筒从侧面进行照射。

经上述调整后，以纸作为冲压材料，用锤子敲击模柄，进行试冲。如果冲出的纸样轮廓齐整，没有毛刺或毛刺均匀，说明凸、凹模间隙是均匀的；如果冲出的纸样只有局部毛刺，则说明间隙是不均匀的，应重新进行调整，直到间隙均匀为止。

6）调好间隙后，将凸模固定板的紧固螺钉拧紧，钻、铰定位销孔，装入定位销 8。

7）将卸料板 4 套在凸模上，装上弹簧和卸料螺钉，检查卸料板运动是否灵活。在弹簧作用下，卸料板处于最低位置时，凸模的下端面应缩进卸料板 4 的孔内 0.5~1mm。

装配好的模具经试冲、检验合格后即可使用。

4. 试模

冲模装配完成后，在生产条件下进行试冲，通过试冲可以发现模具的设计和制造缺陷，找出原因并对模具进行适当调整和修理后再进行试冲，直到模具能冲出合格的制件，模具的装配过程结束。

上述装配过程可归纳为：

$$模柄装配 \rightarrow \begin{matrix} 导套装配 \\ 导柱装配 \end{matrix} \Big\rangle \rightarrow 模架 \rightarrow 装配下模部分 \rightarrow 装配上模部分 \rightarrow 试模$$

冲裁模试冲的常见缺陷、产生原因及调整方法见表 6-5。

表 6-5　冲裁模试冲的常见缺陷、产生原因及调整方法

常见缺陷	产生原因	调整方法
送料不通畅或被卡死	两导料板之间的尺寸过小或有斜度	根据情况修整或重装卸料板
	凸模与卸料板之间的间隙过大,使搭边翻扭	根据情况采取措施,减小凸模与卸料板的间隙
	用侧刃定距的冲裁模导料板的工作面和侧刃不平行,从而形成毛刺,使条料卡死,如图 6-12a 所示	重装导料板
	侧刃与侧刃挡块不密合,从而形成方毛刺,使条料卡死,如图 6-12b 所示	修整侧刃挡块,消除间隙
卸料不正常,退不下料	由于装配不正确,卸料机构不能动作,如卸料板与凸模配合过紧,或因卸料板倾斜而卡紧	修整卸料板、顶板等零件

（续）

常见缺陷	产生原因	调整方法
卸料不正常,退不下料	弹簧或橡皮的弹力不足	更换弹簧或橡皮
	凹模和下模座的滑料孔没有对正,凹模孔有倒锥度,造成堵塞,料不能排出	修整滑料孔,修整凹模
	顶出器过短或卸料板行程不够	加长顶出器的顶出部分或加深卸料螺钉沉孔的深度
凸、凹模的刃口相碰	模座、下模座、固定板、凹模、垫板等零件安装面不平行	修整有关零件,重装上模或下模
	凸、凹模错位	重新安装凸、凹模,使其对正
	凸模、导柱等零件安装不垂直	重装凸模或导柱
	导柱与导套配合间隙过大,使导向不准	更换导柱或导套
	卸料板的孔位不正确或歪斜,使冲孔凸模位移	修理或更换卸料板
凸模折断	冲裁时产生的侧向力未抵消	在模具上设置靠块来抵消侧向力
	卸料板倾斜	修整卸料板或加凸模导向装置
凹模被胀裂	凹模孔有倒锥现象(上口大、下口小)	修磨凹模孔,消除倒锥现象
落料外形和冲孔位置不正,呈偏位现象	挡料销位置不正	修正挡料销
	落料凸模上的导正钉尺寸过小	更换导正钉
	导料板和凹模送料中心线不平行,使孔位偏斜	修正导料板
	侧刃定距不准	修磨或更换侧刃
冲裁件的形状和尺寸不正确	凸模与凹模的刃口形状及尺寸不正确	先将凸模和凹模的形状及尺寸修准,然后调整冲模的间隙
冲压件不平	落料凹模有上口大、下口小的倒锥,冲件从孔中通过时被压弯	修磨凹模孔,去除倒锥
	冲模结构不当,落料时没有压料装置	增加压料装置
	在连续模中,导正钉与预冲孔配合过紧,将工件压出凹陷,或导正钉与挡料销之间的距离过小,导正钉使条料前移,被挡料销挡住	修小挡料销
冲裁件的毛刺较大	刃口不锋利或淬火硬度低	修磨工作部分刃口
	凸、凹模配合间隙过大或间隙不均匀	重新调整凸、凹模间隙,使其均匀

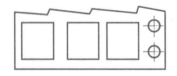

a) 侧刃与导料板工作面不平行

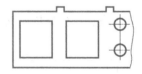

b) 侧刃与侧刃挡块不密合

图 6-12　由侧刃引起的毛刺

想一想

1. 调整凸、凹模配合间隙的方法有哪几种?
2. 试模时发现冲裁件的形状和尺寸不正确,原因是什么?如何调整?

学习评价

一、观察与评价

　　根据下表"观察点"列举的内容，进行学生自评和学生互评。"观察点"内容可视课堂实情及教学进度在教师引导下拓展。

观察点	学生自评			学生互评			教师评价		
	☺	😐	☹	☺	😐	☹	☺	😐	☹
熟悉冲模模柄、导柱和导套、凸模和凹模的装配									
能简述调整凸、凹模配合间隙的方法									
能安装和调试冲模并对冲压样件进行检验									
课堂综合表现									

二、反思与探究

　　从学习过程和评价结果两方面反思，分析存在的问题并寻求解决的办法。

存在的问题	解决的办法

课题三　了解塑料模装配技术

 课题说明

　　通过本课题的学习，熟悉塑料模的装配方法，能够对塑料模的型芯、型腔、顶出机构、导柱和导套、浇口套、滑块抽芯机构进行装配，能够在模具总装配后进行塑料模的安装与调试，并对塑件进行检验，培养学生精益求精的工匠精神，强调安全意识、团队协作意识。

 相关知识

一、塑料模的装配基准

1. 以塑料模中的主要零件为装配基准

　　以塑料模中的主要零件为装配基准时，定模和动模的导柱和导套孔先不加工，先将型腔和型芯镶件加工好，然后装入定模和动模内，型腔和型芯之间以垫片法或工艺定位法来保证壁厚。定模和动模合模后再用平行夹板夹紧，镗导柱和导套孔，最后安装定模和动模上的其他零件。这种情况一般适用于大、中型模具。

2. 以模板相邻两侧面为装配基准

　　以模板相邻两侧面为装配基准时，将已有导向机构的定模和动模合模后，磨削模板相邻两侧面成90°，然后以侧面为装配基准分别安装定模和动模上的其他零件。

二、塑料模组件装配

1. 型芯的装配

塑料模的种类较多,结构各不相同,型芯在固定板上的装配固定方式也不一样。常见型芯的装配方式如下:

(1) 小型芯的装配 图 6-13 所示为小型芯的装配方式。

1) 过渡端装配(图 6-13a)。将型芯压入固定板,在压入过程中,要注意校正型芯的垂直度,防止型芯切坏孔壁或使固定板变形。压入后要在平面磨床上用等高垫铁支承,磨平底面。

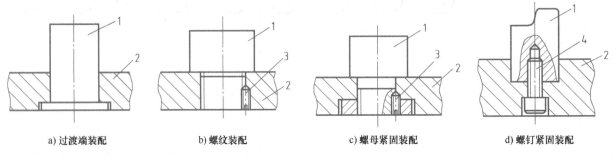

a) 过渡端装配　　b) 螺纹装配　　c) 螺母紧固装配　　d) 螺钉紧固装配

图 6-13　小型芯的装配方式

1—型芯　2—固定板　3—骑缝销　4—螺钉

2) 螺纹装配(图 6-13b)。螺纹装配常用于螺纹连接型芯的热固性塑压模中。螺纹装配时,将型芯拧紧后,用骑缝销定位。这种装配方式对某些有方向性要求的型芯会造成型芯的实际位置与理想位置之间出现误差,如图 6-14 所示,图中,α 是理想位置与实际位置之间的夹角。型芯的位置误差可以通过修磨固定板 a 面或型芯 b 面进行消除。修磨前要进行预装并测出角度 α 的大小。a 或 b 的修磨量 Δ 的计算公式为

$$\Delta_{修磨} = \frac{P\alpha}{360°}$$

式中　　α——误差角度(°);

P——螺距(mm)。

3) 螺母紧固装配(图 6-13c)。型芯连接段采用 H7/k6 或 H7/m6 配合与固定板孔定位,两者的连接采用螺母紧固,简化了装配过程,适合对安装方向有要求的型芯。当型芯位置固定后,用骑缝销定位。这种装配方式适合固定外形为任何形状的型芯及多个型芯同时固定的情况。

4) 螺钉紧固装配(图 6-13d)。它的型芯和固定板采用 H7/h6 或 H7/m6 配合,将型芯压入固定板,经校正合格后用螺钉紧固。在压入过程中,应将型芯压入端的棱边修磨成小圆弧,以免切坏固定板孔壁,失去定位精度。

(2) 大型芯的装配 大型芯与固定板装配时,为便于调整型腔的相对位置,减少机械加工工作量,对面积较大而高度较低的型芯,一般采用图 6-15 所示的装配方式。大型芯的装配顺序如下:

1) 在加工好的型芯 1 上压入实心的定位销套 5。

2) 在型芯螺钉孔孔口部抹红丹粉,根据型芯在固定板 2 上的要求位置,用定位块 4 定位。把型芯与固定板合拢,用平行夹头 3 夹紧在固定板上。将螺钉孔位置复印到固定板上,取下型芯,在固定板上钻螺钉孔及锪沉孔,用螺钉将型芯初步固定。

3) 在固定板的背面划出销孔位置,并与型芯一起钻、铰销孔,压入销。

2. 型腔的装配及修整

(1) 型腔的装配 塑料模具的型腔一般采用镶嵌式或拼块式。在装配后要求动、定模板的分型面接合紧密、无缝隙,且与模板平面一致。装配型腔时一般采取以下措施:

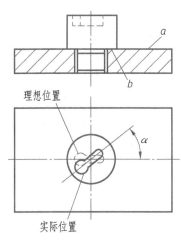

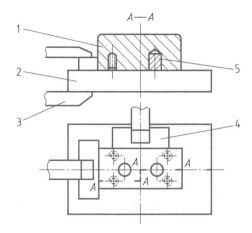

图 6-14　型芯位置误差

图 6-15　大型芯与固定板的装配

1—型芯　2—固定板　3—平行夹头　4—定位块　5—定位销套

1）型腔压入端不设压入斜度，一般将压入斜度设在模板孔上。

2）对于有方向性要求的型腔，为保证其位置要求，一般先压入一小部分后，将型腔的平面部分用百分表进行位置找正，找正合格后，再压入模板。为了装配方便，可使型腔与模板之间保持 0.01 ~ 0.02mm 的配合间隙。型腔装配后，找正位置并用定位销固定，如图 6-16 所示。最后在平面磨床上将两端面和模板一起磨平。

3）对于拼块型腔，一般拼块的拼合面在热处理后要进行磨削加工，以保证拼合后紧密无缝隙。拼块两端留有余量，装配后与模板一起在平面磨床上磨平，如图 6-17 所示。

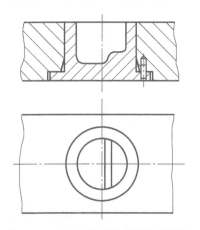

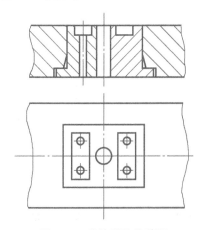

图 6-16　有方向性要求的型腔的装配

图 6-17　拼块型腔的装配

拼块型腔在装配压入过程中，为防止拼块在压入方向上相互错位，可在压入端垫一块平垫板，通过平垫板将各拼块一起压入模具中，如图 6-18 所示。

4）对于工作表面不能在热处理前加工到尺寸的型腔，如果热处理后硬度不高（如调质处理），可在装配后用切削方法加工到要求的尺寸；如果热处理后硬度较高，只能在装配后采用电火花加工机床、坐标磨床对型腔进行精修，以达到精度要求。无论采用哪种方法，型腔两端面都要留余量。装配后与模具一起在平面磨床上磨平。

（2）型腔的修整　塑料模具装配后，有的型芯和型腔的表面或动、定模的型芯之间，在合模状态下要求紧密接触。为达到这一要求，一般采用装配后修磨型芯端面或型腔端面的修配法进行修磨。

如图 6-19 所示，装配后在型芯端面与加料室底平面间出现了间隙（Δ），可采用下列方法消除：

1）修磨固定板下平面 A。拆去型芯，将固定板下平面 A 磨去大小等于间隙 Δ 的厚度。

2）修磨型腔上平面 B。将型腔上平面 B 磨去大小等于间隙 Δ 的厚度。此法不用拆去型芯，较方便。

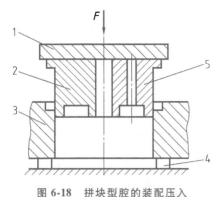

图 6-18　拼块型腔的装配压入

1—平垫板　2、5—型腔拼块　3—等高垫铁　4—模板

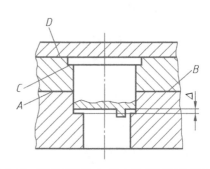

图 6-19　型芯端面与加料室底平面间出现间隙

【小提示】

当一副模具有几个型芯时，由于各型芯在修磨方向上的尺寸不可能绝对一致，因此不论修磨平面 A 还是平面 B，都不可能使各型芯和型腔表面在合模时同时保持接触，所以多型芯模具不能采用这样的修磨方法。

3）修磨型芯台肩面 C。拆去型芯，将平面 C 磨去等于间隙 Δ 的厚度，重新装配后，将固定板上平面 D 与型芯一起磨平。此法适用于多型芯模具。

如图 6-20a 所示，装配后型腔端面与型芯固定板之间出现了间隙 Δ，为消除间隙 Δ 可采用以下修配方法：

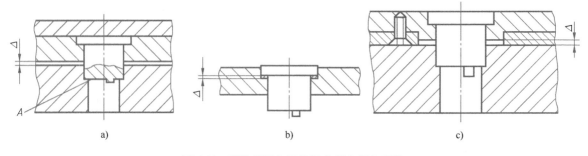

a)　　　　　　　　　　　b)　　　　　　　　　　　c)

图 6-20　型腔端面与型芯固定板之间有间隙

1）在型芯定位台肩和固定板孔底部垫入厚度等于间隙 Δ 的垫片，如图 6-20b 所示，然后一起磨平固定板和型芯端面。这种方法只适用于小型模具。

2）在型腔上面与固定板平面间增加垫板，如图 6-20c 所示，这种方法不适用于垫板厚度小于 2mm 时，一般适用于大、中型模具。

3）当型芯工作面 A 是平面时，也可采用修磨 A 面的方法。

3. 浇口套的装配

浇口套与定模板的装配一般采用过盈配合（H7/m6）。装配后要求浇口套与定模板配合孔紧密、无缝隙。浇口套和定模板孔的定位台肩应紧密贴实。装配后浇口套要高出定模板平面 0.02mm，如图 6-21 所示。为达到以上装配要求，浇口套的压入外表面不允许设置导入斜度。压入端要磨成小圆角，以免压入时切坏定模板孔壁。同时，压入的轴向尺寸应留有去圆角的修磨余量 Z。

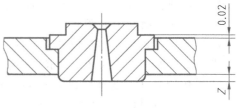

图 6-21　压入后的浇口套

在装配时，将浇口套压入定模板配合孔，使预留余量 Z 在定模板之外。在平面磨床上磨平预留余量，如图 6-22 所示。然后将磨平的浇口套稍稍退出，再将定模板磨去 0.02mm，重新压入浇口套，如图 6-23 所示。台肩高于定模板的高出量 0.02mm，可由零件的加工精度保证。

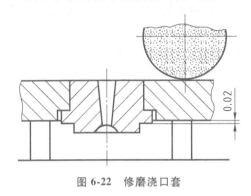
图 6-22　修磨浇口套

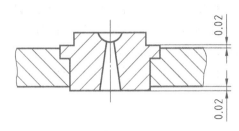
图 6-23　修磨后的浇口套

4. 顶出机构的装配

塑料模具的顶出机构一般由顶板、顶杆固定板、顶杆、导柱和复位杆等组成，如图 6-24 所示。

（1）顶出机构的装配技术要求

1）装配后运动灵活，无卡阻现象。

2）顶杆在固定板孔内每边应有 0.5mm 的间隙。

3）顶杆工作端面应高出型面 0.05~0.1mm。

4）完成制品顶出后，顶杆应能在合模后自动退回到原始位置。

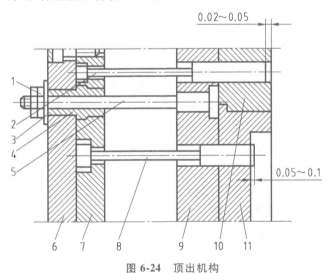
图 6-24　顶出机构
1—螺母　2—复位杆　3—垫圈　4—导套　5—导柱　6—顶板　7—顶杆固定板
8—顶杆　9—支承板　10—动模板　11—型腔

（2）顶出机构的装配顺序

1）先将导柱垂直压入支承板 9，并将端面与支承板一起磨平。

2）将装有导套 4 的顶杆固定板 7 套装在导柱 5 上，并将顶杆 8、复位杆 2 穿入顶杆固定板、支承板和型腔 11 的配合孔中，盖上顶板 6，用螺母 1 拧紧，并调整使其运动灵活。

3）修磨顶出杆和复位杆的长度。当顶板和垫圈 3 接触时，如果复位杆和顶杆低于型面，则修磨导柱的台肩和支承板的平面；如果顶杆和复位杆高于型面，则修磨顶板的底面。

4）顶杆和复位杆在加工时一般要稍长一些，待装配完后再将多余部分磨去。

5）修磨后的复位杆应低于型面 0.02~0.05mm，顶杆应高于型面 0.05~0.1mm，顶杆和复位杆顶端可以倒角。

5. 滑块抽芯机构的装配

滑块抽芯机构是在模具开模后，将侧向型芯先行抽出，再顶出制品的机构。它在装配中的主要工作包括侧向型芯的装配、锁紧块的装配和滑块的复位、定位。

（1）侧向型芯的装配 一般情况下，在滑块和滑道、型腔和固定板装配完后，再装配滑块上的侧向型芯。如图 6-25 所示，侧向型芯机构的装配一般采用以下方式：

1）根据型腔侧向孔的中心位置测量出尺寸 a 和尺寸 b，在滑块上划线，加工型芯装配孔，并装配型芯，保证型芯和型腔侧向孔的位置精度。

2）以型腔侧向孔为基准，利用压印工具对滑块端面压印，如图 6-26 所示。然后以压印为基准加工型芯配合孔后再装入型芯，保证型芯和侧向孔的配合精度。

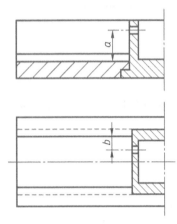

图 6-25 侧向型芯的装配

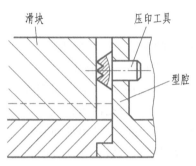

图 6-26 滑块端面压印

3）对于非圆形型芯，可在滑块上先装配留有加工余量的型芯，然后对型腔侧向孔进行压印、修磨型芯，保证配合精度。同理，在型腔侧向孔的硬度不高、可以修磨加工的情况下，也可在型腔侧向孔留修磨余量，以型芯对型腔侧向孔压印，修磨型腔侧向孔，达到配合要求。

（2）锁紧块的装配 在滑块型芯和型腔侧向孔修配密合后，便可确定锁紧块的位置。锁紧块的斜面与滑块的斜面必须均匀接触。由于零件加工和装配中存在误差，所以装配中需要进行修磨。为了修磨方便，一般是对滑块的斜面进行修磨。

模具闭合后，为保证锁紧块和滑块之间有一定的锁紧力，一般要求装配后，锁紧块和滑块斜面接触，在分模面之间留有 0.2mm 的间隙，如图 6-27 所示。滑块斜面修磨量的计算公式为

$$B = (a - 0.2)\sin\alpha$$

式中 B——滑块斜面修磨量（mm）；

a——闭模后测得的实际间隙（mm）；

α——锁紧块的斜度（°）。

图 6-27 滑块斜面修磨量

（3）滑块的复位、定位 模具开模后，滑块在斜导柱作用下侧向抽出。为保证合模时斜导柱能正确进入滑块的斜导柱孔，必须对滑块设置复位、定位装置。图 6-28 所示为用定位板作为滑块复位时的定位装置。滑块复位的正确位置可以通过修磨定位板的接触平面进行准确调整。

如图 6-29 所示，滑块复位用滚珠、弹簧定位时，一般在装配中需要在滑块上配钻位置正确的滚珠定位锥窝，以达到正确定位的目的。

6. 导柱和导套的装配

导柱和导套是模具合模和开模的导向装置，它们分别安装在塑料模的动模、定模部分。装配后，要求导柱和导套垂直于模板平面，并达到设计要求的配合精度和良好的导向定位精度。导柱和导套一般采用压入式分别装配到模板的导柱和导套孔内。

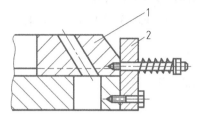

图 6-28　用定位板作为滑块复位时的定位装置
1—滑块　2—定位板

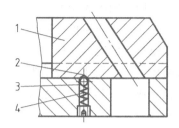

图 6-29　用滚珠作为滑块复位时的定位装置
1—滑块　2—滚珠定位锥窝　3—滚珠　4—弹簧

短导柱可采用图 6-30 所示方式压入模板；长导柱应在模板装配导套后，以导套导向压入模板孔内，如图 6-31 所示。导套压入模板可采用图 6-32 所示的压入方式。

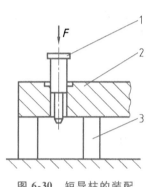

图 6-30　短导柱的装配
1—导柱　2—模板　3—等高垫铁

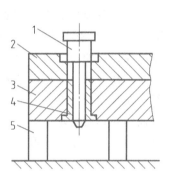

图 6-31　长导柱的装配
1—导柱　2—固定板　3—定模板
4—导套　5—等高垫铁

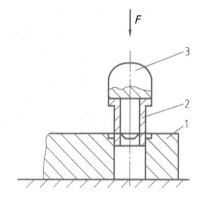

图 6-32　导套的装配
1—模板　2—导套　3—压块

导柱和导套装配后，应保证动模板在开模及合模时滑动灵活，无阻滞现象。如果运动不灵活，有阻滞现象，可用红丹粉涂于导柱表面，往复拉动观察阻滞部位，分析原因后，重新进行装配。装配时，应先装配距离远的两根导柱，合格后再装配其余两根导柱。每装入一根导柱都要进行上述观察，合格后再装下一根导柱，这样便于分析、判断不合格的原因并及时修正。斜导柱的装配如图 6-33 所示。

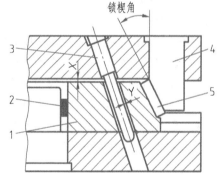

图 6-33　斜导柱的装配
1—滑块　2—壁厚垫片　3—斜导柱
4—压紧块　5—垫片

（1）装配技术要求

1）合模后，滑块的上平面与定模平面应留有 $X = 0.2 \sim 0.5$ mm 的间隙。这个间隙在注塑机上合模时被锁模力消除，转移到斜楔和滑块之间。

2）合模后，斜导柱外侧与滑块斜导柱孔应留有 $Y = 0.2 \sim 0.5$ mm 的间隙。在注塑机上合模后，锁紧力把模块推向型芯，若不留间隙，则会使导柱受侧向力而弯曲。

（2）装配步骤

1）将型芯装入型芯固定板成为型芯组件。

2）安装导块。按设计要求在固定板上调整导块的位置，待位置确定后，用夹板将其夹紧，钻导块安装孔和动模板上的螺孔，安装导块。

3）安装定模板锁楔。保证锁楔斜面与滑块斜面有 70% 以上的面积密贴。若侧型芯不是整体式，则需要在侧型芯位置垫与制件壁厚相同的铝片或钢片。

4）合模，检查间隙 X 值是否合格。可通过修磨和更换滑块尾部的垫片保证 X 值。

5）镗导柱孔。将定模板、滑块和型芯组件一起用夹板夹紧，在卧式镗床上镗斜导柱孔。

6）松开模具，安装斜导柱。

7）将模块上的导柱孔口修整为圆锥状。

8）调整导块，使其与滑块保持适当的松紧度，钻导块销孔，安装销。

9）镶侧型芯。

三、塑料模总装配

由于塑料模结构比较复杂、种类多，故在装配前要根据其结构特点制订具体装配工艺。塑料模常规装配程序如下：

1）确定装配基准。

2）装配前对零件进行测量。合格零件必须去磁并将零件擦拭干净。

3）调整各零件组合后的累积尺寸误差，如各模板的平行度要校验修磨，以保证模板组装密合，分型面处吻合面积不得小于80%，间隙不得超过溢料极小值，以防止产生飞边。

4）装配中尽量保持原加工尺寸的基准面，以便总装合模时检查。

5）组装导向系统，并保证开模、合模动作灵活，无松动和阻滞现象。

6）组装修整顶出系统，并调整好复位及顶出位置等。

7）组装修整型芯、镶件，保证配合面间隙达到要求。

8）组装冷却或加热系统，保证管路畅通，不漏水、不漏电，阀门动作灵活。

9）组装液压或气动系统，保证运行正常。

10）紧固所有连接螺钉，装配定位销。

11）试模，试模合格后打上模具标记，如模具编号、合模标记及组装基准面等。

12）最后检查各种配件、附件及起重吊环等，保证模具装备齐全。

下面以热塑性塑料注射模为例介绍装配程序。

1. 总装图

图 6-34 所示为热塑性塑料注射模装配图，其装配要求如下：

1）装配后，模具安装平面的平行度误差不大于 0.05mm。

2）合模后，分型面应均匀密合。

3）导柱、导套滑动灵活，推件时推杆和卸料板动作必须保持同步。

4）合模后，动模部分和定模部分的型芯必须紧密接触。

5）在进行总装前，模具已完成导柱、导套等零件的装配并检查合格。

2. 模具的总装顺序

（1）装配动模部分

1）装配型芯。在装配前，应先修光卸料板 18 的型孔，并与型芯做配合检查，要求滑动灵活，然后将导柱 5 穿入卸料板导套 8 的孔内，将动模固定板 7 和卸料板合拢。在型芯上的螺钉孔孔口部涂红粉后放入卸料板型孔内，在动模固定板上复印出螺钉孔的位置。取下卸料板和型芯，在固定板上加工螺钉孔。

把销套压入型芯并装好拉料杆后，将动模固定板、卸料板和型芯重新装合在一起，调整好型芯的位置后，用螺钉紧固。按固定板背面的划线，钻、铰定位销孔，打入定位销。

2）配作动模固定板上的推杆。先通过型芯上的推杆孔，在动模固定板上钻锥窝，然后拆下型芯，按锥窝钻出固定板上的推杆孔。

将矩形推杆穿入推杆固定板、动模固定板和型芯（板上的方孔已在装配前加工好）。用平行夹头将推杆固定板和动模固定板夹紧，通过动模固定板配钻推杆固定板上的推杆孔。

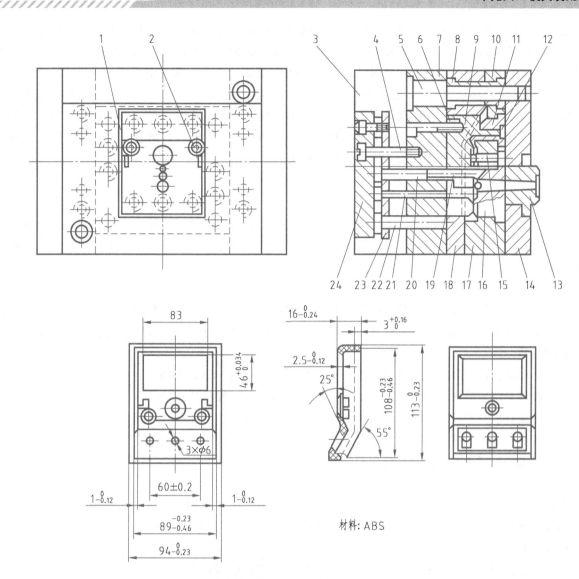

图 6-34　热塑性塑料注射模装配图

1—矩形推杆　2—嵌件螺杆　3—垫块　4—限位螺钉　5—导柱　6—销套　7—动模固定板　8、10—导套
9、12、15—型芯　11、16—镶块　13—浇口套　14—定模座板　17—定模　18—卸料板　19—拉料杆　20、21—推杆
22—复位杆　23—推杆固定板　24—推板

3）配作限位螺钉孔和复位杆孔。首先在推杆固定板上钻限位螺钉孔和复位杆孔。用平行夹板将动模固定板与推杆固定板夹紧，通过推杆固定板的限位螺钉孔和复位杆孔在动模固定板上钻锥窝，拆下推杆固定板，在动模固定板上钻孔并对限位螺钉孔攻螺纹。

4）装配推杆及复位杆。将推杆和推板固定板叠合，配钻限位螺钉孔及推杆固定板上的螺孔并攻螺纹。将推杆、复位杆装入固定板后，盖上推板，用螺钉紧固，并将其装入动模，检查并修磨推杆、复位杆的顶端面。

5）垫块装配。先在垫块上钻螺钉孔、锪沉孔，再使垫块和推板侧面接触，然后用平行夹头把垫块和动模固定板夹紧，通过垫块上的螺钉孔在动模固定板上钻锥窝，并钻、铰销孔。拆下垫块，在动模固定板上钻孔并攻螺纹。

（2）装配定模部分

1）镶块与定模的装配。先将镶块 16、型芯 15 装入定模，测量出两者凸出型面的实际尺寸。退出定模，按型芯 9 的高度和定模深度的实际尺寸，单独对型芯和镶块进行修磨，然后装入定模，检查镶块 16、型芯 15 和型芯 9，检查定模与卸料板是否同时接触。

将型芯 12 装入镶块 11 中，用销定位。以镶块外形和斜面作为基准，预磨型芯斜面。将经过预磨的型芯、镶块装入定模，再将定模和卸料板合拢，测量出分型面的间隙尺寸后，将镶块 11 退出，按测出的间隙尺寸，精磨型芯的斜面到要求尺寸。将镶块 11 装入定模后，磨平定模的支承面。

2）定模和定模座板的装配。在定模和定模座板装配前，浇口套与定模座板已组装合格。因此，可直接将定模与定模座板叠合，使浇口套上的流道孔和定模上的流道孔对准后，用平行夹头将定模和定模座板夹紧，通过定模座板孔在定模上钻锥窝及钻、铰销孔。然后将两者拆开，在定模上钻孔并攻螺纹，再将定模和定模座板叠合，装入销后将螺钉拧紧。

四、塑料模的装模与试模

模具装配完成以后，在交付生产之前，应进行试模。试模的目的：一是检查模具在制造上存在的缺陷，查明原因并加以排除；二是对模具设计的合理性进行评定，并对成型工艺条件进行探索，这有益于模具设计和成型工艺水平的提高。

1. 装模

在模具装上注塑机之前，应按设计图样对模具进行检验，以便及时发现问题，并进行修理，以减少不必要的重复安装和拆卸。在对模具的固定部分和活动部分进行分开检查时，要注意方向记号，以免合拢时搞错。

模具尽可能整体安装，吊装时要注意安全，操作者要协调一致，密切配合。当模具定位圈装入注塑机上定模板的定位圈座后，以极慢的速度合模，用动模板将模具轻轻压紧，然后装上压板。通过调节螺钉，将压板调整到与模具的安装基面基本平行后压紧，如图 6-35 所示。压板位置绝不允许如图中双点画线所示。压板的数量应根据模具的大小进行选择，一般为 4~8 块。

在模具被紧固后可慢慢开模，直到动模部分停止后退，这时应调节机床的顶杆，使模具上的推杆固定板和动模支承板之间的距离不小于 5mm，以防止顶坏模具。

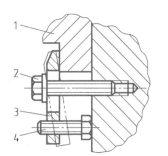

图 6-35　模具的紧固
1—垫块　2—压紧螺钉
3—压板　4—调节螺钉

为防止制件溢边，保证型腔能适当排气，合模的松紧程度很重要。由于没有锁模力的测量装置，可对注塑机的液压柱塞——肘节锁模机构进行目测和经验调节。即在合模时，肘节运动先快后慢，当肘节既不很自然也不太勉强地伸直时，合模的松紧度为合适。对于需要加热的模具，应在模具达到规定温度后再校正合模的松紧度。

最后，接通冷却水管或加热线路。对于采用液压或电动机分型模具的，也应分别进行接通和检验。

2. 试模

经过以上的调整、检查，做好试模准备后，选用合格原料，根据推荐的工艺参数将料筒和喷嘴加热。由于制件大小、形状和壁厚的不同，以及设备上热电偶位置的深度和温度表的误差也有差异，因此资料上介绍的加工某一塑料的料筒和喷嘴的温度只是一个参考范围，还应根据具体条件试调。判断料筒和喷嘴温度是否合适的办法是将喷嘴和主流道脱开，用较低的注射压力，使塑料自喷嘴中缓慢地流出，观察料流。如果没有硬头、气泡、银丝、变色，料流光滑明亮，即说明料筒和喷嘴温度是比较合适的，可以开机试模。

在开始注射时，原则上应选择在低压、低温和较长的时间下成型。如果制件未充满，通常是先增加注射压力。当大幅度提高注射压力仍无效果时，才考虑改变时间和温度。延长时间实质上是使塑料在料筒内的受热时间增长，注射几次后若仍然未充满，才考虑提高料筒温度。但料筒温度的上升以及它与塑料温度达到平衡需要一定的时间（一般约 15min），需要耐心等待，不要过快地把料筒温度升得太高，以免塑料过热，甚至发生降解。

【小提示】

注射成型时可选用高速和低速两种工艺。一般在制件壁薄、面积大时，采用高速注射；而在壁厚、面积小时，采用低速注射。在高速和低速都能充满型腔的情况下，除玻璃纤维增强塑料外，均宜采用低速注射。

对于黏度大、热稳定性差的塑料，可采用较慢的螺杆转速和略低的背压加料及预塑；而黏度小、热稳定性好的塑料，可采用较快的螺杆转速和略高的背压。在喷嘴温度合适的情况下，采用喷嘴固定形式注射成型可提高生产率。但当喷嘴温度过低或过高时，需要采用每次注射后向后移动喷嘴的形式注射成型，其原因是：喷嘴温度过低时，后加料时喷嘴离开模具，减少了散热，故使喷嘴温度升高；而喷嘴温度过高时，后加料时可挤出一些过热的塑料。

在试模过程中应详细记录，并将结果填入试模记录卡，注明模具是否合格。若需反修，应提出反修意见。在记录卡中，应摘录成型工艺条件及操作注意要点，最好能附上注射成型的制件，以供参考。注射模试模故障、产生原因及调整方法见表6-6。

试模后合格的模具应清理干净，涂上防锈油后入库。

表6-6　注射模试模故障、产生原因及调整方法

试模故障	产生原因	调整方法
制品形状欠缺	料筒及喷嘴温度偏低	提高料筒及喷嘴温度
	模具温度过低	提高模具温度
	加料量不足	增加料量
	注射压力低	提高注射压力
	进料速度慢	加快进料速度
	锁模力不够	增加锁模力
	型腔无适当排气孔	修改模具结构，增加排气孔
	注射时间过短，柱塞或螺杆回退时间过早	延长注射时间
	杂物堵塞喷嘴	清理喷嘴
	流道浇口过小、过薄、过长	正确设计浇注系统
制品飞边	注射压力过大	降低注射压力
	锁模力过小或单向受力	调节锁模力
	模具碰损或磨损	修理模具
	模具间落入杂物	清洁模具
	料温过高	降低料温
	模具变形或分型面不平	调整模具或分型面磨平
熔合纹明显	料温过低	提高料温
	模具温度低	提高模具温度
	擦脱模剂过多	减少脱模剂的量
	注射压力低	提高注射压力
	注射速度慢	加快注射速度
	加料不足	加足料
	模具排气不良	疏通模具排气孔
黑点及条纹	料温过高，物料分解	降低料温
	料筒或喷嘴接合不严	修理接合处，除去死角
	模具排气不良	改变模具排气结构

（续）

试模故障	产生原因	调整方法
黑点及条纹	染色不均匀	重新染色
	物料中混有深色物	去除物料中的深色物
银丝、斑纹	料温过高，料分解物进入型腔	迅速降低料温
	原料含水分高，成型时汽化	对原料进行预热或干燥
	物料含有易挥发物	对原料进行预热或干燥
制品变形	冷却时间短	延长冷却时间
	顶出受力不均	改变顶出位置
	模具温度过高	降低模具温度
	制品内应力过大	消除内应力
	通水不良，冷却不均	改变模具水路结构
	制品薄厚不均	正确设计制品和模具
制品脱皮、分层	原料不纯	净化处理原料
	同一塑料不同级别或不同牌号混用	使用同级或同牌号塑料
	配入润滑剂过量	减少润滑剂用量
	塑化不均匀	增加塑化能力
	混入异物，气孔瑕疵严重	消除异物
	浇口过小，摩擦力大	放大浇口
	保压时间过短	适当延长保压时间
裂纹	模具温度过低	调整模具温度
	冷却时间太长	缩短冷却时间
	塑料和金属嵌件收缩率不同	对金属嵌件进行预热
	顶出装置倾斜或不平衡，顶出截面积小或分布不当	调整顶出装置或合理安排顶杆数量及其位置
	制件斜度不够，脱模难	正确设计脱模斜度
制品表面有波纹	料温低、黏度大	提高料温
	注射压力不合适	料温高，可减小注射压力；料温低，则加大注射压力
	模具温度低	提高模具温度或增大注射压力
	注射速度太慢	提高注射速度
	浇口过小	适当扩大浇口
制品性脆、强度下降	料温过高，物料分解	降低料温，控制物料在料筒内的滞留时间
	塑料和嵌件处内应力过大	对嵌件进行预热，保证嵌件周围有一定厚度的塑料
	塑料回用次数多	控制回料配比
	塑料含水	对原料进行预热或干燥
脱模难	模具顶出装置结构不良	改进顶出装置结构
	型腔脱模斜度不够	正确设计模具
	型腔温度不合适	适当控制型腔温度
	型腔有接缝或存料	清理型腔
	成型周期过短或过长	适当控制注射周期
	模芯无进气孔	修改模具结构

（续）

试模故障	产生原因	调整方法
制品尺寸不稳定	机器电路或油路系统不稳	修理电气或液压系统
	成型周期不一致	控制成型周期,使其一致
	温度、时间、压力变化不稳定	调节温度、时间、压力,使其基本一致
	塑料颗粒大小不一	使用均匀塑料

想一想

1. 塑料模组件装配包括哪些内容?
2. 塑料模试模时发现脱模困难,可能的原因有哪些? 如何解决?

学习评价

一、观察与评价

根据下表"观察点"列举的内容,进行学生自评和学生互评。"观察点"内容可视课堂实情及教学进度在教师引导下拓展。

观察点	学生自评			学生互评			教师评价		
	☺	😐	☹	☺	😐	☹	☺	😐	☹
能简述塑料模的装配方法									
熟悉塑料模总装配程序									
能安装和调试塑料模并对注塑样件进行检验									
课堂综合表现									

二、反思与探究

从学习过程和评价结果两方面反思,分析存在的问题并寻求解决的办法。

存在的问题	解决的办法

单元检测

一、填空题

1. 生产中常用的装配方法有_____、_____、_____和_____。
2. 常见的修配法有_____和_____。
3. 在装配时用改变产品中_____的相对位置或选择合适的_____以达到装配精度的方法,称为调整装配法。

4. 冲模装配的关键是_____。

5. 上、下模的装配次序与_____有关，通常是看上、下模中哪一个位置所受的限制大，就先装哪个，用另一个去_____位置。

6. 调整冲裁间隙的方法有_____、_____、_____、_____和_____。

7. 冲模装配之后，必须在生产条件下进行_____，以便发现_____和_____缺陷。

8. 冲裁模试冲时，冲裁件的形状和尺寸不正确的主要原因是_____不正确。

9. 塑料模装配后，有时要求型芯和型腔表面或动、定模上的型芯在合模状态下紧密接触，在装配中可采用_____来达到其要求。

10. 浇口套与定模板采用_____配合。浇口套压入模板后，其台肩应和_____底面贴紧。装配好的浇口套，其压入端与配合孔间应_____，浇口套压入端不允许有_____。

11. 塑料模导柱、导套分别安装在塑料模的_____和_____部分，是模具的_____和_____的导向装置。

12. 塑料模导柱、导套装配后，应保证_____在开模和合模时都能灵活滑动，无阻滞现象，长导柱装配应在定模板上的_____装配完成后，以_____将导柱压入动模板内。

13. 塑料模试模的目的是：_____；_____。

二、判断题

1. 模具生产属于单件小批量生产，适合采用分散装配。（   ）

2. 要使被装配的零件可完全互换，装配精度所允许的误差应大于被装配零件的制造公差之和。（   ）

3. 不完全互换法应充分考虑零件尺寸的分散规律，适合在成批和大量生产中采用。（   ）

4. 分组装配法可先将零件的制造公差扩大数倍，按经济精度进行加工，然后将加工出的零件按扩大前的公差大小分组进行装配。（   ）

5. 分组装配法在同一装配组内不能完全互换。（   ）

6. 修配装配法在单件小批生产中被广泛采用。（   ）

7. 在按件修配法中，选定的修配件是易于加工的零件，在装配时它的尺寸改变对其他尺寸链不产生影响。（   ）

8. 模具属于单件小批量生产，所以装配工艺通常采用修配法和调整法。（   ）

9. 复合模装配一般是先装凹模，再装凸凹模，最后进行总装。（   ）

10. 对于凹模装在下模座上的导柱模，一般先装上模。（   ）

11. 对于无导柱的模具，凸模与凹模的配合间隙在模具安装到压力机上时才进行调整。（   ）

12. 模具装配好即可使用。（   ）

13. 冲裁模所冲出的冲件尺寸容易控制，如果模具制造正确，冲出的冲件一般是合格的。（   ）

14. 型腔和动、定模板镶合后，其分型面上要求紧密无缝，因此对于压入式配合的型腔，其压入端一般都不允许有斜度，而将压入时的导入斜度设在模板上。（   ）

15. 塑料模试模时，塑料溢料和飞边的原因有可能是注射压力太高。（   ）

16. 塑料模导柱、导套装配时，可将四根导柱同时压入，然后检查是否有卡滞现象，若有卡滞可用红粉涂于导柱表面检查，查明原因，重新装配。（   ）

三、选择题

1. 集中装配的特点是（   ）。

A. 从零件装成部件或产品的全过程均在固定地点

B. 由几组（或多组）工人来完成

C. 对工人技术水平要求高

D. 装配周期短

2. 分散装配的特点是（　　　）。

A. 适合成批生产　　　　　　B. 生产率低

C. 装配周期长　　　　　　　D. 装配工人少

3. 完全互换装配法的特点是（　　　）。

A. 对工人技术水平要求高　　B. 装配质量稳定

C. 产品维修方便　　　　　　D. 不易组织流水作业

4. 对于调整装配法，正确的叙述是（　　　）。

A. 在调整过程中不需要拆卸零件

B. 装配精度较低

C. 需要修配加工

D. 只能通过更换、调整零件的方法达到装配精度

5. 用低熔点合金法固定凸模的特点是（　　　）。

A. 对凸模固定板的精度要求不高

B. 浇注前，凸模部分要清洗，固定板部分不必清洗

C. 浇注前，应预热凸模及固定板的浇注部位

D. 熔化过程中不能搅拌

6. 冲裁模试冲时，产生送料不通畅或条料被卡死的主要原因是（　　　）。

A. 凸、凹刃口不锋利

B. 两导料板之间的尺寸过小或有斜度

C. 凸模与卸料板之间的间隙过小

D. 凸模与卸料板之间的间隙过大，使搭边翻扭

7. 冲裁模试冲时，冲压件不平的原因是（　　　）。

A. 落料凹模有上口小、下口大的正锥度

B. 级进模中，导正钉与预冲孔配合过紧，将工件压入凹陷

C. 侧刃定距不准

D. 冲模结构不当，落料时没有压料装置

8. 冲裁模试冲时，冲件毛刺较大的原因是（　　　）。

A. 刃口太锋利　　　　　　　B. 淬火硬度高

C. 凸模与凹模配合间隙过大　D. 凸模与凹模配合间隙不均匀

9. 弯曲模试冲时，冲件弯曲角度不够的原因是（　　　）。

A. 凸、凹模的弯曲回弹角过大　B. 凸模进入凹模的深度过浅

C. 凸、凹模之间的间隙过小　　D. 校正弯曲的实际单位校正力过大

10. 拉深模试冲时，制件起皱的原因是（　　　）。

A. 压边力过小或不均　　　　B. 凸、凹模之间的间隙过小

C. 凹模圆角半径过小　　　　D. 板料过薄或塑性差

11. 拉深模试冲时，出现冲件拉深高度不够的原因是（　　　）。

A. 拉深凹模圆角半径过大　　B. 拉深间隙过大

C. 拉深凸模圆角半径过小　　D. 压料力过小

12. 对于塑料模浇口套的装配，下列说法正确的是（　　　）。

A. 浇口套与定模板采用间隙配合

B. 浇口套的压入端不允许有导入斜度

C. 常将浇口套的压入端加工成小圆角

D. 在加工浇口套的导入斜度时不需留修磨余量

四、简答题

1. 何谓模具的装配？简述模具质量和寿命与模具装配的关系。

2. 装配模具时，怎样控制模具的间隙？

3. 如何确定冲裁模上、下模的装配次序？

4. 简述塑料模的常规装配程序。

参 考 文 献

［1］ 崔陵. 走进模具［M］. 北京：高等教育出版社，2013.

［2］ 胡桂兰. 模具认知［M］. 北京：高等教育出版社，2017.

［3］ 林承全. 模具制造技术：基于工作过程［M］. 北京：清华大学出版社，2009.

［4］ 涂序斌. 模具制造技术［M］. 北京：北京理工大学出版社，2007.

［5］ 秦涵. 模具制造技术［M］. 北京：机械工业出版社，2015.

［6］ 杨关全. 模具设计与制造基础［M］. 北京：北京师范大学出版社，2005.

［7］ 关月华，陈毅培. 模具制造工艺编制与实施［M］. 北京：机械工业出版社，2016.

［8］ 屈华昌. 塑料成型工艺与模具设计. 北京：机械工业出版社，2008.

［9］ 刘航. 模具制造技术［M］. 北京：机械工业出版社，2011.

［10］ 谭海林. 模具制造技术［M］. 北京：机械工业出版社，2009.

［11］ 刘明. 模具制造工艺学［M］. 北京：机械工业出版社，2009.

［12］ 李云程. 模具制造工艺学［M］. 北京：机械工业出版社，2008.